DIE
ABWÄRMETECHNIK

VON

Dr.-Ing. HANS BALCKE

BERLIN-WESTEND

BAND II:

DER ZUSAMMENBAU
VON ABWÄRMEVERWERTUNGSANLAGEN
FÜR GEKUPPELTEN
HEIZ- UND KRAFTBETRIEB

MÜNCHEN UND BERLIN 1928
DRUCK UND VERLAG VON R. OLDENBOURG

HERRN WILHELM ZIMMERMANN

PATENTANWALT, BERLIN

ZUGEEIGNET

Vorwort.

Im ersten Bande der Abwärmetechnik sind zunächst im ersten Teil die verwertbaren Abwärmequellen in industriellen Betrieben besprochen worden. Es wurde gezeigt, wie diese der Mengengröße nach ermittelt werden und wieweit und unter welchen Bedingungen sie noch wirtschaftlich verwertet werden können, sei es zur Dampferzeugung, zur Bereitung von Heißwasser oder zur Erzeugung von Destillat zu allen möglichen Verwendungszwecken.

Im zweiten Teil wurden anschließend die Grundbestandteile von Abwärmeverwertungsanlagen besprochen, und zwar: Die Wärmeaustauscher (oder Verwerter), die Wärmespeicher, das Wärmefortleitungsnetz und zuletzt die für den gekuppelten Betrieb der Abwärme abgebenden mit der Abwärme verwertenden Anlage wichtigen Armaturen. Äußerlich stehen diese Elemente im Band I nur im losen Zusammenhange zueinander, welcher aber bei der Durcharbeitung der Rechenbeispiele deutlich erkennbar wird. Wie ursächlich aber diese Grundbestandteile bei aller Mannigfaltigkeit der Einzelanlagen untereinander zusammenhängen und sich gegenseitig zu möglichst vollkommener Betriebssicherheit und Wirtschaftlichkeit ergänzen, wird in dem hier vorliegenden zweiten Bande in ausführlicher Weise gezeigt.

Von dem Gesichtspunkte ausgehend, daß ein Wärmeingenieur mit weitgehender Kenntnis des Einzelnen und der Besonderheiten unter keinen Umständen den Blick für das Ganze verlieren soll, werden Grundschaltungen entwickelt, welche trotz der Mannigfaltigkeit der einzelnen Betriebserfordernisse grundsätzlich stets verwendbar sind. Es wird somit der Versuch unternommen, Anlagetypen herauszubilden, um das Gebiet zu vereinfachen und übersichtlich zu gestalten.

Die Wirtschaftlichkeit ist bei diesem Versuch in den Vordergrund gerückt in dem Bestreben, diese Grundschaltungen stets möglichst billig für die jeweiligen Betriebserfordernisse auszubilden.

Daran anschließend werden in einem besonderen Abschnitt neuzeitliche Anzapf- und Gegendruckmaschinen unter besonderer Berücksichtigung der Regelung besprochen. Ein weiterer Abschnitt ist der heute so wichtigen Frage der Rationalisierung der Abwärme gewidmet. Den Abschluß des vorliegenden Buches bildet eine Anleitung zur Aufstellung von Wirtschaftlichkeitsberechnungen. Verfasser hofft, auf diese Weise einen grundsätzlichen Einblick in das so wichtige Sondergebiet des gekuppelten Heiz- und Kraftbetriebes geben zu können und bittet, diesen nicht ganz leichten Versuch wohlwollend bewerten zu wollen.

Berlin-Westend, den 16. März 1928.

Der Verfasser.

Inhaltsverzeichnis.

Seite

Vorwort V

Abschnitt I. Allgemeine wirtschaftliche Gesichtspunkte . . 1

Abschnitt II. Verfahren zur Feststellung des Abwärme-
anfalles und der zweckmäßigsten Verwertung desselben
im jeweiligen Betriebe 13

Abschnitt III. Grundschaltungen für Abwärmeverwertungsanlagen ohne Speicher 22

   1. Schaltungen für Ab- und Zwischendampf 22

      a) Für Dampfverbraucher 22

      b) Für Heißwasserverbraucher 48

      c) Dampfdruckminderungs- und Verteilerstation . . . 66

   2. Grundschaltungen für Verbrennungskraftmaschinen. . 70

      a) Für Dieselmotore. 70

      b) Für Gasmaschinen 78

      c) Für industrielle Öfen 84

Abschnitt IV. Grundschaltungen für Abwärmeverwertungsanlagen mit Speicher 89

   1. Die Speichergrundschaltungen 89

   2. Schaltungen für Ruths-Speicher 99

   3. Schaltungen für Rateau-Speicher 105

      a) Zur Krafterzeugung bei Dampfkraftanlagen und
      Verbrennungskraftmaschinen. 105

      b) Zu Heizzwecken bei Dampfkraftanlagen 112

   4. Schaltungen für Heißwasserspeicher. 114

Abschnitt V. Die neuzeitlichen Heizungs-Kraftmaschinen für
hohe und höchste Drücke 127

   1. Theoretische Grundlagen 127

   2. Der Gegendruck-Betrieb 134

VIII

                                                                    Seite
3. Der Entnahme-Betrieb 135
4. Der Ausgleich 136
5. Gegendruck- und Entnahmeturbinen 138
6. Gegendruck- und Entnahme-Kolbenmaschinen 160

Abschnitt VI. Die Verheizung hochwertiger Anfallgase . . 173

Abschnitt VII. Die Rationalisierung der Abwärme 189

Schluß. Die Aufstellung von Wirtschaftlichkeitsberechnungen
  von Abwärmeverwertungsanlagen 194

Allgemeine wirtschaftliche Gesichtspunkte.

Für jedes Erwerbsunternehmen stellt ganz allgemein der Unterschied zwischen Einnahmen und Ausgaben den Gewinn dar.

Dieser Gewinn wird um so größer ausfallen, je geringer die Ausgaben gegenüber den Einnahmen sind.

Es muß deshalb das vornehmste Bestreben der Leitung eines Unternehmens darauf gerichtet sein, die Ausgaben, an welchen die Betriebskosten einen großen Anteil haben, weitgehend einzuschränken.

Unter diesen Betriebskosten spielen wieder die Aufwendungen für die Betriebskraft eine so einschneidende Rolle, daß in Anbetracht des heute auf das äußerste angestrengten Wettbewerbes, die Ertragsfähigkeit eines Fabrikbetriebes von den Kosten der Betriebskraft wesentlich mitbeeinflußt wird.

Weil nun die Ertragsfähigkeit vieler technischer Betriebe durch die Verwertung der anfallenden Abfallstoffe gesteigert wird, oder überhaupt hierdurch erst gegeben ist, so tritt die Notwendigkeit ein, die in solchen Betrieben anfallenden und bisher nicht verwerteten Abfallwärmemengen nutzbar zu machen, und zwar auf möglichst billige Weise.

Schon infolge der Gleichwertigkeit von Wärme und Arbeit stellt Wärme einen wirtschaflichen Wert dar, der um so höher zu veranschlagen ist, je höher die zugehörige Temperatur liegt. Je mehr sich die Temperatur der zu verwertenden Abfallwärme derjenigen der Umgebung nähert, um so geringwertiger wird sie, bis sie in dem Augenblick gänzlich wertlos wird, wo sie die Temperaturstufe der Umgebung erreicht hat.

Auf dieser Stufe findet kein Wärmeübergang mehr statt.
Es kann also mit ihr nichts mehr gewonnen werden, auch wenn
die Wärmemenge noch so groß ist.

Folgendes Beispiel verdeutlicht das hier Dargelegte:

Das aus einer Maschinenanlage austretende Kühlwasser
habe eine Temperatur von 40⁰. Die stündlich abfließende
Wassermenge betrage 4000 l. Die mit dem Wasser fortgehende
Abwärmemenge ist alsdann, wenn die spez. Wärme = 1 gesetzt wird:
$$4000 \cdot 40 = 160000 \text{ kcal/h.}$$

Trotzdem ist diese große Wärmemenge nicht zur Beheizung, z. B. einer Trockenkammer zu verwenden, welche
an sich stündlich vielleicht nur einen Teil der Wärmemenge
benötigt, aber eine Temperatur von beispielsweise 50⁰ haben
muß, weil die Temperaturstufe des Kühlwassers niedriger liegt
als die der Trockenluft.

Träte dagegen das Wasser mit 70⁰ aus der Maschinenanlage aus und würde durch Heizrohre geleitet, in denen es
sich aus 50⁰ abkühlt, so ständen
$$4000 \, (70 - 50) = 80000 \text{ kcal/h}$$
zur Verfügung.

Da zur Erwärmung von 1 m³ Luft um 1⁰ C etwa 0,31 kcal
erforderlich sind, so können mit 80000 kcal bei + 10⁰ C Außen-
lufttemperatur
$$\frac{80000}{0,31 \, (50 - 10)} = 6450 \text{ m}^3\text{/h}$$
Luft von + 10⁰ auf + 50⁰ C erwärmt werden.

Der Gedanke der Abwärmeverwertung ist nicht neu.
Schon James Watt hat Abdampf zur Raumheizung und Wasser-
anwärmung für Bäder und technische Zwecke benutzt. Seit
Jahrzehnten sind auch beispielsweise hinter den Dampfkesseln
angeordnete und zur Ausnutzung der Rauchgase verwendete
Ekonomiser[1]) bekannt, sowie die Abdampfverwertung von
Speisepumpen. Auch wurden schon längere Zeit vor dem Welt-
kriege in Einzelfällen Abhitzekessel zur Dampferzeugung

---

[1]) Edward Green machte im Jahre 1845 die ersten Versuche
mit einem Kohle sparenden Speisewasservorwärmer, welchen er
Ekonomiser nannte.

hinter Glühöfen und Rekuperatoren hinter Hochöfen zur Anwärmung der Verbrennungsluft aufgestellt. Im großen und ganzen wurde aber der Abwärmeverwertung lange Zeit wenig Aufmerksamkeit geschenkt.

Bei Wärmekraftanlagen richtete man z. B. das Hauptaugenmerk früher fast ausschließlich auf den mechanischen und thermo-dynamischen Wirkungsgrad der Kraftmaschinen, welche zu diesem Zweck konstruktiv bis zum äußersten vervollkommnet wurden, während die Wärmewirtschaftlichkeit der Gesamtanlage der Vernachlässigung anheim fiel.

Noch ungünstiger aber lagen in dieser Beziehung die Verhältnisse bei industriellen Feuerungen. Hier gab man sich zufrieden, wenn die gewünschte Wirkung möglichst vollkommen erreicht wurde. Wieviel Wärme aber bei dem jeweiligen Prozeß verloren ging, wurde nicht in Betracht gezogen und wird auch heute noch da, wo die Kohle billig ist, oft sehr vernachlässigt. Abwärme wurde vielfach sogar als lästiges Nebenerzeugnis angesehen, welches so gut als es ging und so schnell wie möglich beseitigt wurde.

Erst seit 15—20 Jahren machte sich insofern ein Umschwung bemerkbar, als Abwärmeverwertungsanlagen nicht mehr zu den Ausnahmen gehörten wie früher. Dieser einsetzende Umschwung wurde gewaltig gefördert durch die wirtschaftlichen Folgeerscheinungen des Weltkrieges. Besonders unser plötzlich so verarmtes Deutschland konnte sich nur emporraffen, wenn alle Betriebe u. a. auf die äußerste Herabsetzung ihrer laufenden Betriebsunkosten sahen, von denen, wie gesagt, das Erzeugungskonto für Kraft und Wärme und somit vornehmlich das Brennstoffkonto einen großen Anteil hat.

Aber nicht nur für jeden industriellen Einzelbetrieb spielt das Brennstoffkonto eine mitentscheidende Rolle, sondern auch für die deutsche Volkswirtschaft als Ganzes. Die Verringerung der Erzeugung und die erhebliche Steigerung der Förder- und Transportkosten, dazu der hohe Wert der Kohle für die Ausfuhr und damit zur Verbesserung unserer Handelsbilanz, machen die größte Sparsamkeit zur Bedingung. Es kommt hinzu, daß Kohle und alle anderen Brennstoffe naturnotwendig teurer werden müssen, weil vom Vorrat gezehrt wird. Es ist deshalb heute eine Lebensfrage für alle Betriebe, die Gestehungskosten für Kraft und Wärme durch Erfassung, Einschränkung und Verwertung der Abwärmequellen, soweit angängig, herabzudrücken.

Der Abwärmeverwertung wurden durch diese wirtschaftlichen Erkenntnisse vollkommen neue Anregungen gegeben. Die besondere Stellung der Kraftmaschine innerhalb des Betriebes verschob sich mit der Erkenntnis der wirtschaftlichen Vorteile, welche die Verbindung der Krafterzeugung mit der Abwärmeverwertung mit sich bringen. Während früher die Krafterzeugung als alleiniger Selbstzweck betrachtet wurde, brach sich in den letzten Jahren die Erkenntnis Bahn, daß in vielen Fällen großen Wärmeverbrauches für Heizungs-, Trocknungs-, Kochzwecke und dergleichen, die Kraft für den Maschinenbetrieb und für die Beleuchtung umgekehrt als fast kostenloses Nebenerzeugnis überall dort zu gewinnen ist, wo die Abwärmeanlage an die Stelle einer eigenen Wärmeerzeugung für den betreffenden Sonderzweck treten kann.

Die Kraftmaschine wird somit zur Heizungs-Kraftmaschine und hat als solche um so mehr wirtschaftliche Berechtigung, als sie die Rolle einer Druckverminderungsvorrichtung für den Heizdampf unter gleichzeitiger Krafterzeugung spielt, während früher in Druckminderungsventilen gedrosselter Kesseldampf in die Heizanlage geschickt werden mußte, welcher somit für die Arbeitsleistung verloren ging. Als oberste Richtlinie gilt heute für die Abwärme nutzbringende Verwendung zu suchen, um die Kraftgestehungskosten soweit als möglich herabzudrücken. Jahrzehnte gültig gewesene Anschauungen über die Wirtschaftlichkeit von Kraftanlagen im allgemeinen und im Einzelfall stürzen in sich zusammen, um neuzeitlichen anders gerichteten Gedankengängen Platz zu machen. Früher kam es darauf an, den thermo-dynamischen Wirkungsgrad einer Kraftmaschine so günstig wie möglich zu gestalten. Die Mehrkosten für eine konstruktiv vollendet durchgebildete Maschine wurden dann oft dadurch wieder eingespart, daß an der nachgeschalteten Abwärmeverwertungsanlage irgendwelche unzweckmäßige Verbilligungsmaßnahmen getroffen wurden. — Heute ein gestürztes Postulat! Es kommt sehr oft heute weniger auf einen vorzüglichen thermodynamischen Wirkungsgrad an, als darauf, geeignete Maßnahmen zu ergreifen, um

den wirtschaftlichen Wirkungsgrad[1]) der Gesamtanlage weit
gehend zu verbessern. Die Höhe dieses Wirkungsgrades ist
allein ausschlaggebend! Zur Veranschaulichung des Gesagten
sei hier als praktisches Bei-
spiel in Abb. 1 und 2 ein sehr
einfacher Fall einer Heizungs-
Kraftmaschine angeführt, welche neben der Krafterzeugung
zugleich die Versorgung einer
Niederdruckdampfheizung zur
Beheizung von Trockenräu-
men, z. B. in einer großen
Holzbearbeitungsfabrik, übernimmt:

Zur Aufstellung gelangte
eine einzylindrige Gegendruck-

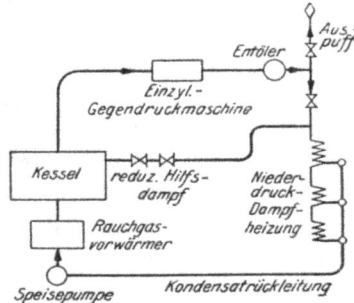

Abb. 1. Einfache Zusammenschaltung
einer Gegendruck-Dampfmaschine mit
einer Niederdruck-Dampfheizung und
Trocknung.

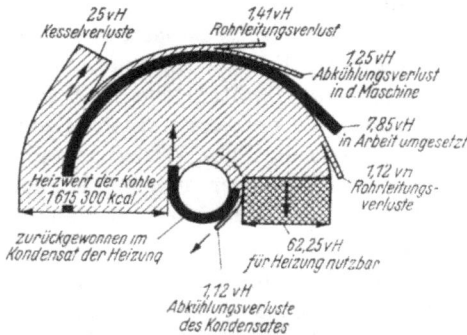

Abb. 2. Wärmeverteilungsdiagramm zu der in Abb. 1
dargestellten Schaltung für eine 200 PS. Gegendruck-
Kolbenmaschine, Zudampfdruck 10,5 ata, 300°,
Gegendruck 1,1 ata. Dampfverbrauch 8 kg/PS.h.

maschine von 200 PS$_e$, deren Abdampf von 1,1 ata Spannung
das ganze Jahr hindurch zum mindesten bis 70 v. H. von einer
Trocknungsanlage aufgenommen wird. Der Abdampf tritt

---

[1]) $\eta_w = \eta_{th_{th}} \cdot \eta_g \cdot \eta_m$, worin

$\eta_{th_{th}}$ — den theor. therm. Wirkungsgrad,

η_g — den Gütegrad und

η_m — den mechanischen Wirkungsgrad bedeutet.

vorerst in einen Entöler und nach möglichst guter Entölung
in die Rippenheizkörper des Lufterhitzers einer Holztrocknerei.
Das Kondensat wird durch einen Ekonomiser zum Dampfkessel
zurückgepumpt. Im Falle, daß Überdruck in der Heizung
entsteht, öffnet sich ein selbsttätig wirkendes Notauspuff-
ventil. Soll angestrengt — besonders im Winter — getrocknet
werden, so kann von der Kesselanlage ausnahmsweise und
nur zur Deckung von Spitzen gedrosselter Frischdampf zugesetzt werden, welcher durch am Boden der Trockenanlage
angebrachte zusätzliche Rippenheizkörper geleitet wird[1]).

Es kommt bei der Anlage durchaus nicht darauf an, den
Dampfverbrauch der Kraftmaschine auf den niedrigstmöglichen
Wert unter Zuhilfenahme kostspieliger Maßnahmen zu bringen,
sondern man verwendet absichtlich eine stark gebaute, einfache
Maschine von mittlerem Gütegrad mit einem entsprechend
größeren Dampfverbrauch, um den Heizdampf für die nachgeschaltete Heizanlage zu gewinnen. Die Heizungskraftmaschine wirkt hier von der Heizungsanlage aus gesehen als
Minderungsorgan für die Frischdampfspannung unter gleichzeitiger Gewinnung von Kraft. Obwohl hier der thermodynamische Wirkungsgrad der Kraftmaschine nicht der beste
ist, so erreicht der wirtschaftliche Wirkungsgrad doch 60 bis
80 v. H. und höher, je nach der augenblicklichen Abdampf-
aufnahme der mit der Kraftmaschine gekuppelten Abwärmeverwertungsanlage.

Abb. 2 zeigt das allgemein zur Beurteilung der Wirtschaftlichkeit einer Gesamtanlage so wichtige Wärmeflußdiagramm
für den hier herausgegriffenen Sonderfall. Der Zudampf habe
eine Spannung von 10,5 ata und eine Temperatur von 300°. Die
Maschine arbeite auf einen Gegendruck von 1,1 ata und habe
einen Dampfverbrauch von 8 kg/PS₁h. Die nachfolgende
Wärmebilanz ist graphisch in dem Diagramm des Wärme-
umlaufes Abb. 2[2]) festgelegt.

---

[1]) Es handelt sich um mit gedrosseltem Frischdampf beheizte
Zusatzheizkörper einfachster Art — meist Rippenrohre —, welche
während einer Charge nur stundenweise in Betrieb sind.

[2]) Siehe »Abwärmeverwertung« des Verfassers, Berlin, VdI-
Verlag 1926, S. 25 u. f.

Wärmebilanz.	kcal/h	v. H.
Kesselverlust	403800	25,00
Rohrleitungsverlust zwischen Kessel und Maschine	22500	1,41
Abkühlungsverlust in der Maschine . .	20000	1,25
In Arbeit umgesetzt	126500	7,85
Für Heizung nutzbar	1006500	62,25
Rohrleitungsverlust in der Heizleitung.	18000	1,12
Abkühlungsverlust des Kondensates . .	18000	1,12
Zusammen:	1615300	100,00

Bei Annahme eines Heizwertes $H_u = 7000$ kcal/kg für Kohle und einem Wirkungsgrad der Kesselanlage von $\eta = 0{,}7$[1]) sind zur Erzeugung der Wärmemenge von 1615300 kcal/h etwa 330 kg/h Kohle notwendig.

Dieser Idealfall einer Abdampfverwertung wird aber nur selten eintreten, da die erforderliche Übereinstimmung zwischen Heizdampfbedarf und Dampfverbrauch für die notwendige Maschinenleistung zumeist nicht vorliegt.

Eine besondere Eigenschaft läßt die Kolbenmaschine vor der Dampfturbine zur Heizungs-Kraftmaschine sehr geeignet erscheinen. Bekanntlich liegt der thermisch günstigste Teil des Dampfmaschinenprozesses im Hochdruckgebiet. Im Niederdruckgebiet entfernt sich die Kolbenmaschine weiter vom idealen Prozeß, weil es aus Gründen der Größenabmessungen, Massenwirkungen und infolge der schädlichen Wandwirkung nicht möglich ist, in ihr das der Grundwassertemperatur bzw. der erreichbaren Kaltwassertemperatur bei Rückkühlanlagen entsprechende Vakuum vollkommen auszunutzen[2]). Bei Verwendung des Abdampfes einer Kolbenmaschine zu Heizzwecken wird der für die Kraftgewinnung weniger wertvolle Niederdruckteil einfach abgeschnitten. Der mit 0,5—6 ata aus der Kraftmaschine austretende Abdampf wird alsdann in den verschiedensten Heiz-, Koch- und Trocknungsanlagen

---

[1]) Über Wirkungsgrade von Kesselanlagen s. Abwärmetechnik I des Verf. S. 153.

[2]) Siehe Kondensatwirtschaft des Verfassers. München-Berlin, Verlag R. Oldenbourg 1927, Abschn. I.

sehr wirtschaftlich ausgenutzt. Stets aber wird die Kolbenmaschine gegenüber der Turbine durch den Nachteil benach-
teiligt sein, daß es bei ihr nicht möglich ist ein vollkommen
ölfreies Kondensat zurückzugewinnen. Und gerade ein ölfreies Kondensat ist dort zu fordern, wo hohe Kesseldrücke
gefordert werden, also gerade dort, wo die Kolbenmaschine
durch anderweitige Vorteile vor der Turbine den Vorsprung
hätte. Dieser Nachteil ist in Zukunft aber ausschlaggebend.

Die Nachteile werden aber — wenn man die Gesamtanlage
betrachtet — bei Verwendung einer Turbine durch die Gewinnung eines völlig reinen Dampfkondensates wettgemacht,
welches ohne weiteres wieder zur Kesselspeisung verwendet
werden kann.

Bei den Dampfturbinen ist der Fall thermisch anders gelagert, weil umgekehrt die Dampfturbine gerade im Niederdruckteil den günstigeren Wirkungsgrad aufweist. Im Hochdruckgebiet sind die Dampfreibungs-, Ventilations- und Undichtig-
keitsverluste bedeutend höher als im Mitteldruckgebiet oder im
Gebiet der Luftleere. Grundsätzlich wird man also die Turbinen
mit dem besten erzielbaren Vakuum arbeiten lassen und ihre
vorzüglichen Eigenschaften nicht durch die Abdampfausnutzung
preisgeben. Wird jedoch in einem Betriebe ungefähr konstante
Leistung verlangt und kann gleichzeitig eine Abdampfmenge
von einer Spannung $\geq 1,0$ ata von mehr als 80 v. H. in einer
nachgeschalteten Verwertungsanlage dauernd ausgenutzt werden, so kann die Turbine mit der Kolbenmaschine erfolgreich
wetteifern, besonders bei Zudampfdrücken unter 13 ata, weil
alsdann der Hochdruckteil oberhalb 13 ata und der Niederdruckteil unterhalb 1,5 ata abgeschnitten sind, d. h. die beiden
Druckteile. welche den Wirkungsgrad der Turbine wesentlich
beeinträchtigen, und zwar der Hochdruckteil wegen seiner
Spaltverluste und der Niederdruckteil wegen der dort auftretenden Dampffeuchte, wobei 10 v. H. Dampffeuchtigkeit
eine Verschlechterung des Gesamtwirkungsgrades der Turbine
von etwa 1 v. H. zur Folge hat. Näheres siehe unter Abschnitt 5
dieses Bandes.

Die übrigen Wärmekraftmaschinen werden im einzelnen
Fall weniger nach den oben entwickelten Gesichtspunkten
der Abwärmeverwertung gewählt als aus anderen Gründen.

Aber auch sie bieten die Möglichkeit, einen großen Teil ihrer Abwärme, welche in das Kühlwasser oder in die Auspuffgase übergeht, nutzbar zu machen um dadurch ihre Wirtschaftlichkeit ganz wesentlich zu verbessern.

Durch absichtliches vorzeitiges Abbrechen des Kraftmaschinenprozesses bei Verbrennungsmotoren auf höherer Temperaturstufe, läßt sich bei außerdem besserem Gang der Maschinen eine hochwertige Abwärmemenge gewinnen, wodurch der Anwendungsbereich der Verbrennungskraftmaschine wesentlich erweitert wird (das Heißkühlverfahren)[1].

Während bei den Dampfkraftmaschinen 80—87 v. H. wirtschaftlicher Wirkungsgrad und mehr erreichbar sind, ist es bei den übrigen Wärmekraftmaschinen unter Umständen auch möglich, ihn bis auf 80 v. H. und lediglich bei angewandter Abgasverwertung noch auf 45—53 v. H. zu steigern. Bei der vergleichsweisen Bewertung der verschiedenen Möglichkeiten der Krafterzeugung muß im Einzelfall dieser Punkt berücksichtigt werden.

Die Verwendungsmöglichkeit der Verbrennungskraftmaschinen als Heizungskraftmaschinen wird aber durch den Umstand eingeschränkt, daß bei ihnen die Abwärmemenge ganz von der Belastung abhängig ist. Hinzu kommt noch bei Diesel- und Sauggasmaschinen der höhere Brennstoffpreis, welcher es allein schon verbieten würde, den Wirkungsgrad der Kraftmaschine zugunsten der Abwärmeausnutzung zu verschlechtern. Bei den Dampfkraftmaschinen liegt der Fall anders, weil durch Veränderung des Gegendruckes oder durch Vereinigung mehrerer Maschinen mit bestimmtem Druckgefälle oder durch Zwischendampfentnahme, Wärme in weiten Grenzen unabhängig von der Belastung entnommen werden kann.

Das vorhin angeführte Beispiel einer Heizungskraftmaschine (Abb. 1 u. 2) zeigt aber weiterhin deutlich, daß bei der Anschaffung derartiger kombinierter Maschinen die Verwendungsmöglichkeit der Abwärme eine ausschlaggebende Rolle spielt. Obige Anlage wird beispielsweise unwirtschaft-

---

[1] Siehe auch »Abwärmeverwertung zur Heizung und Krafterzeugung« des Verf., VdI-Verlag 1926, S. 25 u. f.

lich, wenn nicht zu mindestens 60 v. H. der Abdampfmenge ständig aufgenommen wird.[1]) Sehr oft werden keine 60 v. H. benötigt, man hilft sich alsdann mit Entnahmemaschinen, d. h. man zapft an einer geeigneten Stelle Zwischendampf aus der Maschine ab, während die Restdampfmenge zur weiteren Arbeitsleistung der nächstfolgenden niederen Druckstufe der Kraftmaschine zugeführt wird.

Häufig schwankt nun nicht nur die Abwärmelieferung oder der Abwärmebedarf, sondern der Abwärmeverbrauch fällt auch zeitlich nicht mit der Lieferung zusammen. Die Zeit des Anfalles und der Verwendung der Abwärme sowie Lieferungsort und Verbraucher sollten — wenn immer möglich — zeitlich und räumlich nicht weit auseinander liegen. Günstig liegen in dieser Hinsicht z. B. die Verhältnisse in Schmieden, sofern die Abhitze der Schmiedeöfen zur Dampferzeugung und der Dampf zum Betrieb der Dampfhämmer verwendet werden kann. Öfen und Hämmer liegen gewöhnlich nicht weit auseinander und werden gleichzeitig gebraucht. Dagegen ist die Abhitze von Glüh- und Schmelzöfen oft weniger gut zur Raumheizung verwertbar, weil die Räume, in denen die Öfen stehen, durch die Wärmeabgabe derselben infolge Leitung und Strahlung schon genügend erwärmt werden, oder die zu heizenden Räume oft weit entfernt, z. B. in Verwaltungsgebäuden, Kauen oder in anderen Werksanlagen liegen.

In den Fällen, wo die zeitlichen oder örtlichen Verhältnisse nicht zusammenpassen, kann eine Wärmespeicherung bis zum Zeitpunkt der Verwendbarkeit oder eine Fernleitung der Wärme in zweckmäßiger Form oder beides gleichzeitig in Frage kommen. Man hat Fernheizwerke, Fernwarmwasserversorgungen und in Amerika auch Ferndampfkraftwerke erstellt, wobei als Wärmeträger Dampf oder heißes Wasser je nach dem Verwendungszweck in Frage kommt. Auch können für Fernheizungen anfallende Abgase als Wärmeträger verwendet werden, wenn sie noch eine gewisse Hochwertigkeit besitzen

---

[1]) Die Schluckfähigkeit der Abwärmeverwertungsanlage muß bei vorgeschalteten Turbinen $\geq$ 80 v. H., bei Kolbendampfmaschinen $\geq$ 60 v. H. sein, wenn ein günstiges η_w, bei Verwendung von Gegendruckmaschinen erreicht werden soll.

und unter hohem Druck stehen (z. B. Ferngas von Koksofen-batterien)[1]).

Nach den vorstehenden Darlegungen können zwei große Gruppen von Abwärmeverwertungsanlagen unterschieden wer-den, nämlich:

1. Gruppe: Abwärmeverwertungsanlagen o h n e Speicher,
2. Gruppe: » mit » .

Diese Unterscheidung ist auch der Gliederung des inneren Aufbaues des vorliegenden Bandes zugrunde gelegt, welcher somit in zwei Hauptabschnitte zerfällt.

Die im Maschinen- und Ofenbetrieb anfallenden und verwertbaren Abwärmemengen können zu folgenden Zwecken verwendet werden:

1. Zur Raumheizung als Ersatz der Sammelheizung mit eigenen Feuerstellen.
2. Zur Warmwasserbereitung für Reinigungs- und Auf-bereitungszwecke.
3. Zur künstlichen Trocknung in Kanälen, Kammern, Zylindern usw.
4. Zum Imprägnieren und Dämpfen z. B. in der Bau-industrie und in der Landwirtschaft.
5. Zum Destillieren in entsprechenden Apparaten der chemischen und der Zuckerindustrie, sowie zur Be-reitung von Zusatzspeisewasser für Dampfkraft-anlagen.
6. Zum Kochen.

Wenn nun in diesem Bande der Aufbau von Abwärme-verwertungsanlagen, aus den in Band I besprochenen Grund-elementen für den gekuppelten Heiz- und Kraftbetrieb be-handelt wird, so muß sich der Verfasser — wie bereits an-gedeutet — in Anbetracht der Mannigfaltigkeit des vor-liegenden Stoffes auf die Entwicklung von Grundschaltungen der beiden oben angeführten Hauptgruppen beschränken,

---

[1]) Näheres siehe Aufsatz des Verf. »Die Gasfeuerung in der Zentralheizungsindustrie«. Gesundheits-Ing., Kongreßheft Nr. 37, 1927, ferner Abschnitt 6 dieses Bandes.

welche den jeweilig vorliegenden Sonderfalle entsprechende Abänderungen erfahren können, grundsätzlich aber bestehen bleiben.

Die Herausbildung der Grundschaltungen aus der Mannigfaltigkeit des Stoffes und die Darlegung des Rechnungsganges für jede einzelne Grundschaltung offenbaren das Wesen der Abwärmetechnik. Sie bilden den Unterbau, auf dem der Wärmeingenieur dann zur Entwicklung seines Sonderfalles weiterbauen muß. In diesem Zusammenhange sei hier noch folgendes gesagt:

Der Abwärmetechniker darf nicht im Studium von Einzelheiten oder Sondergebieten den Überblick über die Gesamtheit des Stoffes verlieren. Er darf nicht in seitenlangen Zahlenreihen oder Formeln sich und andere totrechnen, so daß er am Ende den Wald vor Bäumen nicht mehr sieht, sondern er muß durch möglichst knappe Annäherungsrechnungen sich ein klares Bild von den Zusammenhängen schaffen. Er muß außerdem in dem ihm unterstellten Betrieb alles in peinlicher Ordnung haben, aber auch ein Auge behalten auf die Erfordernisse der Nachbarbetriebe und des Gesamtunternehmens. Er mache sich folgenden Satz zum Wahlspruch seiner Tätigkeit:

»Verbinde mit der Kenntnis des einzelnen den Blick für das Ganze!«

Verfahren zur Feststellung des Abwärmeanfalles und der zweckmäßigsten Verwertung desselben im jeweiligen Betrieb.

Es ist einleitend Klarheit darüber zu schaffen, wie das Ermittlungsverfahren durchgeführt werden muß, um für die Berechnung und die konstruktive Ausgestaltung einer Abwärmeverwertungsanlage, die Abwärmegestellung von seiten des Abwärmegebers A (Kraftmaschine, Öfen, Gaskühler, Retorten usw.) und den Abwärmebedarf des nachgeschalteten Verwerters B nach Menge, Art und Zeit für den jeweils in Frage kommenden Betrieb festzustellen.

Diese Ermittlung erfolgt zweckmäßig auf statistisch-graphischem Wege. Zuerst muß einerseits der Wärmeaufwand für den Abwärmegeberbetrieb A und anderseits der Wärmebedarf für die Abwärmeaufnehmeranlage B einzeln ermittelt werden, und zwar zuerst für jede Tagesstunde und hierauf im Durchschnitt für jeden einzelnen Betriebstag und Monat. Aus den Ermittlungen ist dann der Bedarf für den Jahresdurchschnitt zu bestimmen unter sorgfältiger Berücksichtigung der Spitzenbelastung, wenn die Abwärmeaufnehmeranlage B das ganze Jahr über ganz oder teilweise im Betrieb bleibt. Zumeist aber sind zwei gänzlich voneinander abweichende Zeitabschnitte im Wärmebedarf der Anlage B festzustellen, nämlich: Der Sommer- und der Winterbedarf.

Durchschnittlich wird sich aus dem gesammelten statistischen Material eine überaus schlechte Übereinstimmung nach Zeit, Menge und Art der Anlage A und B ergeben. Man wird in solchen Fällen vorerst durch Änderung von Betriebsbestimmungen versuchen müssen, den Wärmebedarf von A und B

14

möglichst weitgehend in Einklang zu bringen. Die restliche
Angleichung des Verbrauches von *A* und *B* muß schließlich
durch sachgemäße Ausgestaltung der Anlage zu erzielen ver-
sucht werden.

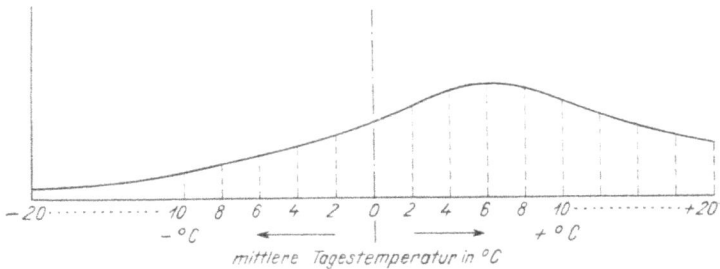

−20 .... 10 8 6 4 2 0 2 4 6 8 10 .... +20
− °C   + °C

mittlere Tagestemperatur in °C

Abb. 3. Die Häufigkeitskurve.

Die Abb. 3—5 zeigen in schematischer Weise den Er-
mittlungsvorgang. Als Abwärmeverwerter *B* sei eine kombinierte Heiz- und Trockenanlage gewählt. Zuerst wird zweck-

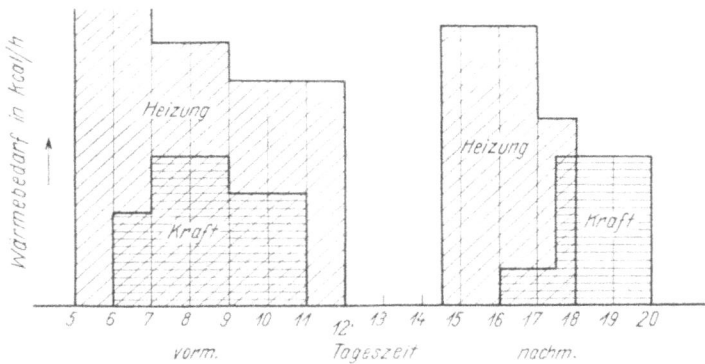

Wärmebedarf in Kcal/h

Heizung

Heizung

Kraft

Kraft

5 6 7 8 9 10 11 12 13 14 15 16 17 18 19 20

vorm.   *Tageszeit*   *nachm.*

**Abb. 4. Darstellung des mittleren täglichen Gesamtwärmebedarfes
für einen Betriebsmonat.**

mäßig die allgemeine Häufigkeitskurve (Abb. 3) für die durch-
schnittliche Tagestemperatur ermittelt. Auf der Abszissenachse
werden in irgendeinem beliebigen Maßstabe von einem Null-
punkt aus nach links die Winter-, nach rechts die Sommer-
temperaturen aufgetragen. Als Ordinate wird die mutmaßliche

Zahl der Tage im Jahre aufgezeichnet, an welchen die auf der Abszissenachse aufgetragene zugehörige Durchschnittstemperatur herrscht. Die Verbindungslinie der so gefundenen Kurvenpunkte ergibt die Häufigkeitskurve (Abb. 3). Zu ihrer Ermittlung müssen die Wetterberichte der betreffenden Gegend der letzten 6 Jahre herangezogen werden. Durch Umwandlung der von der Kurve, den Endordinaten und der Abszissenachse umschlossenen Fläche in ein Rechteck gleicher Grundlinie läßt sich die mittlere Jahrestemperatur und mit ihrer Hilfe der mittlere jährliche bzw. tägliche Wärmebedarf der Verwerteranlage (Heizanlage) bestimmen.

Sodann muß der Wärmebedarf für die Kraftanlage festgestellt werden, und zwar für den Durchschnittsbetriebstag. Die Fälle können sehr verschiedenartig liegen, je nachdem ob es sich um Fabrikbetriebe, Krankenhäuser, Elektrizitätswerke usw. handelt. Das Endziel muß aber stets sein, ein monatliches Wärmebedarfsdiagramm zu erhalten, wie Abb. 4 schematisch zeigt. Der Wärmebedarf für die Heizung ist durchschnittlich wesentlich größer als für die Krafterzeugung; zudem sind Heiz- und Kraftbedarf vormittags zumeist übereinander gelagert, nachmittags dagegen zeitlich verschoben. Es läßt sich aber dem Diagramm auf den ersten Blick entnehmen, welche Kraftmaschine zweckmäßig aufgestellt wird. Im obigen Falle würde eine Gegendruckmaschine vorzuschlagen sein mit einer Zusatzbeheizung mit gedrosseltem Frischdampf und einer Wärmespeicheranlage.

Nach Abschluß dieser Ermittlungen muß nun die Wahl zwischen Kolbenmaschine und Turbine getroffen werden. Vor- und Nachteile beider Dampfkraftmaschinenarten sind im Abschnitt I des ersten Bandes klargelegt worden. Neben den an obiger Stelle angegebenen Gesichtspunkten spielen aber noch betriebliche Fragen, wie beispielsweise die Belastungsdauer, Belastungsschwankungen oder Umsteuerbarkeit eine entscheidenden Rolle. Ist nun beispielsweise der Entscheid auf eine Turbine gefallen, so muß die zweckmäßigste Bauart herausgefunden werden. Man hat z. B. darüber zu befinden, ob für die Kraftmaschine von vornherein für spätere, größere Leistungen, Zuschaltorgane vorgesehen werden sollen, oder ob das Vakuum der Kondensation für die Einschaltung einer Vakuumdampfheizung veränderlich gestaltet werden kann.

16

Zum Schluß wäre noch für die Sommer- und Winter-
betriebszeit das Wärmeflußdiagramm für die Gesamtanlage
zu entwerfen. Ein beispielsweises Wärmeflußdiagramm für
eine Entnahmemaschine für den Winterbetrieb zeigt Abb. 5.

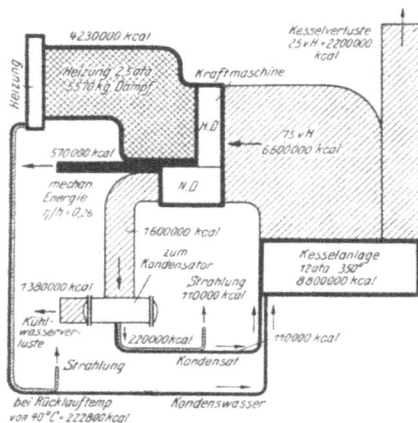

Das an Hand der
Abb. 3—5 beschriebene
allgemeine Verfahren ge-
staltet sich praktisch zumeist wesentlich man-
nigfaltiger; sehr oft sollen z. B. Bade-, Eindick-
oder Kochanlagen gleich-
zeitig neben der Heizung
mit Abwärme versorgt
werden, und zwar bei
zeitlich und in der
Menge schwankendem
Verbrauch. Hinzu tritt
bei vielen Anlagen als
erschwerender Umstand,
daß die einzelnen Ver-

Abb. 5. Ein mittleres Wärmeverteilungsdiagramm für das Winter-Halbjahr.

braucher Dampf von verschiedener Spannung benötigen[1]). Auch
ist oft die Belastung der Kraftmaschine schwankend, zuweilen
sogar stoßweise (z. B. bei Förder- und Walzenzugmaschinen).

Grundsätzlich aber ist das Ermittlungsverfahren in jedem
Falle gleichartig. Um vollkommen in den Gang desselben ein-
zudringen, sei hier ein Schulbeispiel an einem Krankenhaus
angeführt[2]), dessen ungefährer Wärmebedarf für Heizung,

---

[1]) So benötigt z. B. Dampf von mehr als:
1 ata Spannung in der Hauptsache die Papier- und Pappen-
   fabriken zur Beheizung der Trockenzylinder,
2 ata Spannung Holzkochereien,
2—3 ata Brennereien, Kakao- und Schokoladenfabriken,
3—4 ata Brikettfabriken zur Entwässerung der Rohkohle.
Die Spannung des Heizdampfes für die Gebäude- und Werksheizung
schwankt dagegen von 0,5 → 1,4 ata, doch erkennt man auch heute
in Deutschland die ersten Ansätze zu dem Bestreben in gewissen
Fällen auf Hochdruck-Dampfheizungen wie in Amerika überzugehen.

[2]) Siehe Hottinger, »Abwärmeverwertung«. Berlin, Verlag
J. Springer 1922. S. 147 u. f.

Lüftung und Warmwasserbereitung, Wärmeschränke, Koch-
apparate, Desinfektions- und Sterilisationseinrichtungen fest-
liegt. Abb. 8 stellt den mittleren stündlichen Wärmebedarf
während der verschiedenen Monate des Jahres dar, welcher
ermittelt werden muß, aus den zuerst zu entwerfenden Schaubildern für den durchschnittlichen Gesamtwärmebedarf, während der einzelnen Stunden eines Tages in jedem Monat.
Abb. 6 und 7 zeigen zwei derartige Schaubilder für einen
Sommer- und Wintertag.

Der Bedarf der Anstalt an elektrischem Strom soll durch
eine eigene Kraftanlage gedeckt werden. In Aussicht genommen
sind zwei Kolbendampfmaschinen, von denen je nach Bedarf
eine' oder beide in Betrieb genommen werden können. Aus
den Schaubildern 9 und 10 ergibt sich die an einem Sommer-
und Wintertag stündlich abgebbare Abwärmemengen in kcal,
welche ihrerseits abhängen von dem jeweiligen Bedarf an Licht
und Kraft.

Der Ermittlung sind Auspuffmaschinen zugrunde gelegt,
welche auf einen Gegendruck von 1,5 ata arbeiten sollen.
Werden nun 80 kWh benötigt, so sind zu deren Erzeugung
bei einem Wirkungsgrad $= 0,83$: $\dfrac{80 \cdot 1,36}{0,83} = 131$ PS$_e$h erforderlich. Der Zudampf hat eine Spannung von 13 ata
bei 300° Überhitzung. Nach Zahlentafel 6, Band I, hat eine
solche Maschine einen Dampfverbrauch von 8,2 kg/PS$_e$h.
Es stehen somit $131 \cdot 8,2 = 1020$ kg/h Abdampf zur Verwertung zur Verfügung, die bei einer nutzbaren Kondensations-
wärme von 533 kcal/kg im ganzen $1020 \cdot 533 = 543\,000$ kcal/h
an die Verwertungsanlage liefern.

Da diese Anlage für ein Krankenhaus bestimmt ist, dürfen
die Kraftmaschinen — zur Vermeidung von Ruhestörungen —
von abends 10 Uhr bis morgens 6 Uhr nicht in Betrieb sein.
Es müssen daher zur Deckung des Strombedarfs während dieser
Zeit Akkumulatoren vorgesehen werden, welche tagsüber
aufgeladen werden müssen. Daraus ergibt sich, daß die Maschinen zeitlich entsprechend den Abb. 9 und 10 laufen müssen.
Es ist aus den Schaubildern auch zu ersehen, wann Strom
aufgespeichert bzw. aus den Akkumulatoren entnommen
werden muß; ferner wieviel Wärme aus dem Abdampf jeweils

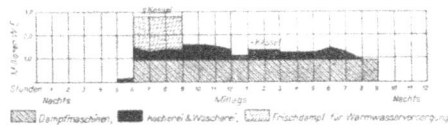

Abb. 6. Gesamtwärmebedarf an einem
Sommertag.

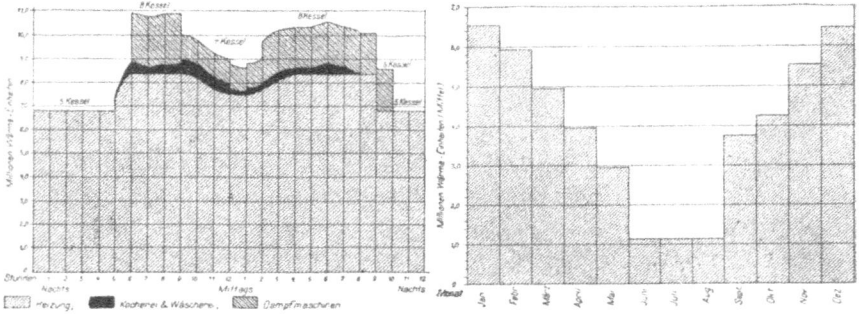

Abb. 6—8. Ermittlung des Gesamtwärmebedarfes.

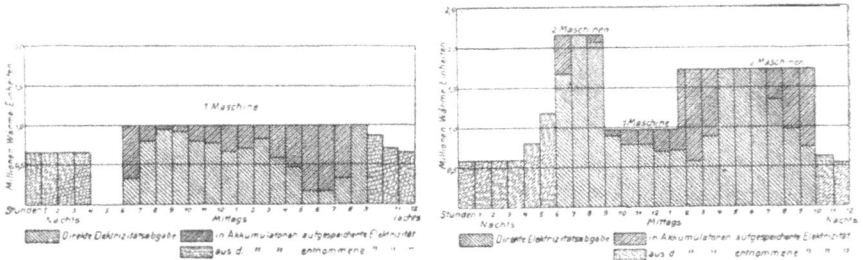

Abb. 9—10. Die der Elektrizitätserzeugung entsprechende Wärmemenge an einem
Sommer- und Wintertag.

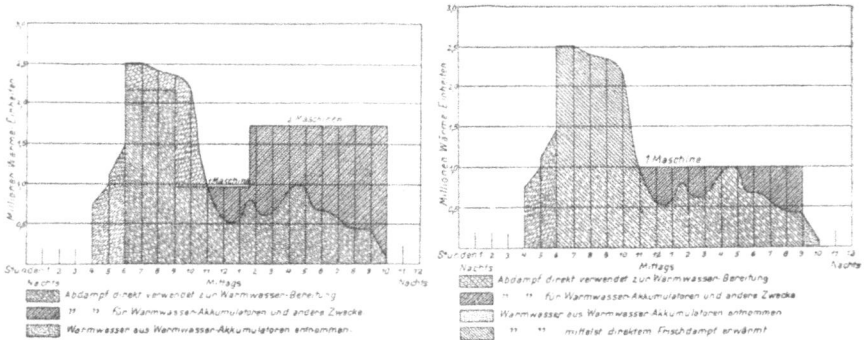

Abb. 11. Sommertag.   Abb. 12. Wintertag.

Abb. 11—12. Ermittlung der verfügbaren Abwärme und der notwendigen Speicherung.
Vgl. Bild 11 mit 9 und 12 mit 10.

Abb. 6—12. Die Anwendung des graphischen Ermittlungsverfahrens auf ein Krankenhaus.

erhältlich ist. In den Abb. 11 und 12 ist der für Sommer und Winter gleich große Wärmebedarf für die Warmwasserversorgung ebenfalls eingezeichnet. Es wird klar erkenntlich, wieweit die benötigte Wärmemenge durch den Abdampf der Maschinen gedeckt wird und somit auch wann und wieviel Frischdampf zu gewissen Zeiten zugesetzt werden muß, bzw. wieviel Abdampfüberschuß zu anderen Zeiten anfällt, welcher in geeigneten Apparaten entweder zur Speisewasservorwärmung hauptsächlich aber in Warmwasserspeichern zur Anwärmung und Aufbewahrung von Brauchwasser verwendet werden kann.

Die Beanspruchung der Kesselanlage ergibt sich aus den Abb. 6 und 7. An Hand der Schaubilder ist festzustellen, daß während des Sommers zwei Kessel genügen, im Winter aber — infolge des Heizbedarfes — dagegen bis zu 8 Kessel in Betrieb genommen werden müssen, sofern nicht durch zweckentsprechende Dampfspeicher diese schwankenden Betriebszustände ausgeglichener gestaltet werden können.

Abb. 13 und 14 zeigen den Wärmebedarf und die Wärmegestellung für einen Sommertag beim Frauenhospital in Basel[1]).

Im Zusammenhang mit der Erweiterung des Frauenspitals in Basel wurde die Wärmeerzeugung für den gesamten Bedarf des Spitals zentralisiert. Es wurden drei Einflammrohrkessel von je 65 m² Heizfläche und 9 ata Betriebsdruck aufgestellt, ferner eine elektrische Dampfkraftanlage für Drehstrom (6400 V und 14 ata), deren Leistung (1200 kW) der im Höchstfalle verfügbaren Überschußenergie entsprach und ein Dampfspeicherkessel von 31 m³ Inhalt und 13 ata Betriebsdruck. Für die Warmwasserversorgung des Spitals sind zudem zwei Kessel von 12 m³ Gesamtinhalt vorhanden, deren Inhalt täglich ein- bis zweimal mit Dampf in Gegenstromvorwärmern erhitzt wird.

Die Stadt Basel hat ein eigenes Niederdruckwasserkraftwerk am Rhein. Um dessen Überschußenergie nutzbar zu machen, stellte man einen elektrischen Dampferzeuger im Frauenspital auf. Dieser liefert während mindestens sechs Monaten im Jahr die gesamte erforderliche Wärme. Da aber

---

[1]) Wärmearchiv Jahrgang 8 Heft 12. Ausnutzung elektr. Überschußenergie durch Wärmespeicherung von E. Walder, Zürich.

20

der größte Energieüberschuß und der größte Dampfverbrauch
zeitlich stark auseinander liegen, so ließ sich die Aufstellung
eines Dampfspeichers nicht umgehen. Die beiden Warmwasserkessel können außerdem mit zur Speicherung herangezogen
werden, indem man sie bei genügender Energiezufuhr auflädt.

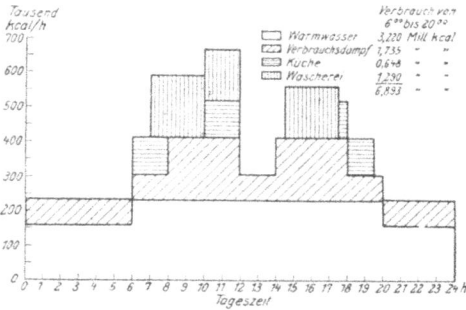

Abb. 13. Wärmeverbrauchsdiagramm.

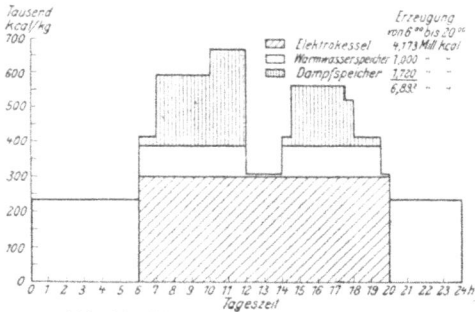

Abb. 14. Wärmegestellungsdiagramm.

Abb. 13 und 14. Wärmeverbrauch und Wärmegestellung an einem Sommertag beim Frauenhospital in Basel.

Da auch tagsüber elektrische Energie für Wärmeerzeugung
zur Verfügung steht, wurde der Dampfspeicher nur für eine verhältnismäßig geringe Dampfmenge bemessen. Der Wärmebedarf von 6⁰⁰ bis 20⁰⁰ beträgt insgesamt 6 893 000 kcal,
vgl. Abb. 13. Im Elektro-Dampfkessel können während dieser
Zeit 4 173 000 kcal erzeugt, in den Warmwasserkesseln 1 000 000
kcal gespeichert werden, so daß der Dampfspeicher noch für

1 720 000 kcal oder rd. 2600 kg Dampf von 3 ata zu bemessen
war, vgl. Abb. 14.

Der Vergleich der Abb. 13 mit der Abb. 14 kennzeichnet
in klarer Weise den Ausgangspunkt und das Ziel, die dem
Konstrukteur bei Anwendung des oben beschriebenen graphischen Ermittlungsverfahrens vor Augen schweben müssen,
wenn er sachgemäß eine Anlage für gekuppelten Heiz- und
Kraftbetrieb entwerfen will.

Das angedeutete graphische Ermittlungsverfahren ermöglicht bei sinngemäßer Anwendung in jedem einzelnen
Falle eine sehr gute Übersicht über die jeweils vorliegenden
Verhältnisse. Die Anwendung dieses Verfahrens ist vor allem
dann von erheblichem Vorteil, wenn verschiedene Abwärmequellen oder Verwendungsmöglichkeiten, verbunden mit zeitlichen Unterschieden in der Abwärmegestellung und im Abwärmeverbrauch vorliegen, so daß eine Speicherung in zweckmäßiger Form notwendig wird.

Abschnitt III.

Grundschaltungen für Abwärmeverwertungsanlagen ohne Speicher.

1. Schaltungen für Ab- und Zwischendampf.

a) Für Dampfverbraucher.

Zur Verdeutlichung der nachfolgenden Entwicklung der Grundschaltungen werde von einem Rechnungsbeispiel ausgegangen:

Eine Kolbendampfmaschine von 200 PS_i verbrauche bei 10,5 ata Eintrittsspannung und 300° Überhitzung 5,0 kg Dampf je PS_ih. Der Kondensatordruck sei 0,08 ata, der Druck unmittelbar hinter der Maschine sei 0,10 ata[1]).

Bei Auspuff und einem Gegendruck von 1,2 ata sei der Dampfverbrauch 8,0 kg/PS_ih[2]). Für Heizzwecke sollen 800000 kcal/h aufzuwenden sein, die bei Kondensationsbetrieb der Maschine, dem Kessel unmittelbar und zwar vor dem Überhitzer zu entnehmen sind. Die Spannung des Frischdampfes aus der Kesselanlage wird für den Heizungsbetrieb von 11,0 ata auf 1,2 ata durch ein Druckminderungsventil herabgemindert. Der Überdruck von 0,2 ata geht in der Heizungsanlage verloren, so daß das Kondensat unter dem Drucke der äußeren Atmosphäre mit einer Flüssigkeitswärme von 100 kcal/kg austritt[3]).

Das Kondensat, welches im Kondensator der Maschine, in der Heizungsanlage und gegebenenfalls im Speisewasservorwärmer niedergeschlagen wird, wird den Kesseln wieder zugeführt. Bei der nachstehenden Rechnung sollen die Wärmeverluste in den Leitungen unberücksichtigt bleiben.

---

[1]) Siehe auch Abwärmetechnik Bd. I des Verf. Zahlentafel 22, S. 53, ferner Valerius Hüttig »Heizungs- und Lüftungsanlagen in Fabriken«, Leipzig, Verlag O. Spamer 1923. S. 345 u. f.

[2]) Siehe auch Abwärmetechnik Bd. I des Verf. Zahlentafel 6, S. 15.

[3]) Entsprechend einer Temperatur des Kondensats von 100° C siehe auch Abwärmetechnik Bd. I Anm. S. 2.

Die Maschine besitze direkt geheizte Mäntel. Das Mantel-
kondensat kommt daher bei der Bestimmung des Wärmeinhaltes des aus der Maschine austretenden Dampfes nicht in
Frage[1]). Der Wärmeverlust der Maschine sei mit 115 kcal/PS$_i$
für beide Fälle angenommen. Es ist aber zu beachten, daß der
Wärmeverlust beim Auspuffbetrieb wegen des höheren mittleren Druckes in den Zylindern und im zwischengeschalteten
Aufnehmer etwas größer sein wird[2]).

Es ergeben sich also folgende Verhältnisse:

Dampfdruck in der Kesselanlage p_k	11,0 ata	
Dampfdruck vor der Maschine p_1	10,5 »	
Dampfdruck hinter der Maschine bei Konden- sation p_2	0,10 »	
Dampfdruck im Kondensator p_c	0,08 »	
Dampfdruck hinter der Maschine bei Auspuff- betrieb p_2'	1,20 »	
Wärmeinhalt des Dampfes in den Kesseln vor dem Überhitzer i	662	kcal/kg
Zugehörige Flüssigkeitswärme q	183,3	»
Zugehörige Verdampfungswärme r	481,2	»
Wärmeinhalt des Dampfes bei 10,5 ata und 300° Überhitzung[3]) i_1	729	»
Wärmeinhalt des trocken gesättigten Dampfes bei 0,10 ata i'	616,7	»
Zugehörige Flüssigkeitswärme q'	45,3	»
Zugehörige Verdampfungswärme r'	571,4	»
Wärmeinhalt des trocken gesättigten Dampfes bei 0,08 ata i''	614,5	»
Zugehörige Flüssigkeitswärme q''	41,5	»
Zugehörige Verdampfungswärme r''	573,4	»
Wärmeinhalt des trocken gesättigten Dampfes bei 1,2 ata i'''	640,8	»
Zugehörige Flüssigkeitswärme q'''	104,3	»
Zugehörige Verdampfungswärme r'''	536,5	»
Flüssigkeitswärme des aus der Heizung aus- tretenden Kondensates q_c	100,0	»

[1]) Siehe Abwärmetechnik Bd. I S. 9.
[2]) Siehe Abwärmetechnik Bd. I des Verf. S. 8 und 9.
[3]) Siehe Abwärmetechnik Bd. I des Verf. Abb. 1, S. 3.

I. Dampf- bzw. Wärmeverbrauch bei Kondensations- betrieb und davon getrenntem Heizbetrieb (Schaltung Abb. 15).

a) Teil 1: Die Maschine.

Der Dampfverbrauch der Maschine ist:

$$D_M = L \cdot D_i = 200 \cdot 5,0 \ \ldots \ldots \quad = 1000 \text{ kg/h}$$

Die der Maschine zugeführte Wärme beträgt:

$$Q_1 = D_M \cdot i_1 = 1000 \cdot 729 \ \ldots \ldots \quad = 729000 \text{ kcal}$$

Die in Arbeit umgesetzte Wärme ist:

$$Q_2 = D_M \cdot \lambda_{th}{}^1) = 1000 \cdot 186 \ \ldots \ldots \quad = 186000 \ \text{»}$$

(λ_{th} zwischen 10,5 ata, $t_a = 300^0 \rightarrow 0,1$ ata.)

Der Wärmeverlust in der Maschine ist:

$$Q_3 = L \cdot 115 = 200 \cdot 115 \ \ldots \ldots \quad = 23000 \ \text{»}$$

Die Wärme des austretenden Dampfes be- trägt:

$$Q_a = Q_1 - Q_2 - Q_3 =$$
$$729000 - 186000 - 23000 \ \ldots \quad = 520000 \ \text{»}$$

Der Wärmeinhalt von 1 kg des aus der Ma- schine austretenden Dampfes ist:

$$i_2 = \frac{Q_a}{D_M} = \frac{533000}{1000} \quad . \quad = 520 \text{ kcal/kg}$$

Die spez. Dampfmenge des mit 0,10 ata aus der Maschine austretenden Dampfes ist:

$$i_2 = q' + x \cdot r'$$
$$x = \frac{i_2 - q'}{r'} = \frac{520 - 45,3}{571,4} \ \ldots \ldots \quad = 0,83.$$

Aus dem Kondensator wird die Flüssigkeits- wärme des der Maschine zugeführten Dampfes bei 0,08 ata entnommen, und zwar:

$$Q_c' = D_M \cdot q_2' = 1000 \cdot 41,5 \ \ldots = 41500 \text{ kcal/h.}$$

$^1)$ Siehe Abwärmetechnik I des Verf. S. 8 und *IS*-Tafel im Anhang.

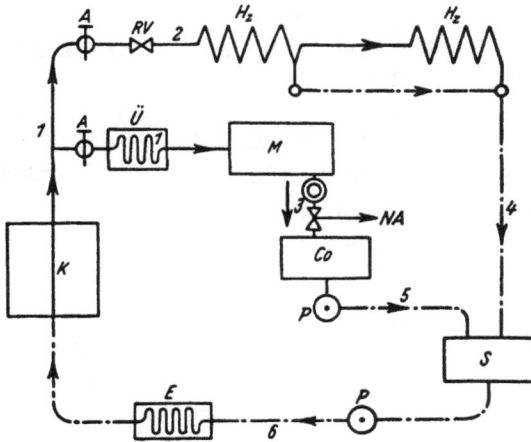

Erklärung der Schaltung. Der von der Kesselanlage K kommende Sattdampf kann einerseits durch den Überhitzer $Ü$ der Kraftmaschine M und anderseits durch die Leitung 2 der Heizungsanlage Hz zuströmen, nachdem er vorher im Druckminderungsventil RV auf den für die Heizung benötigten Druck gemindert worden ist. Neben RV kann gegebenenfalls noch ein Sicherheitsventil eingebaut werden. Sowohl die Leitung 1 als auch 2 sind durch die Organe A von der Kesselanlage absperrbar. Aus der Maschine M tritt der Abdampf durch die Leitung 3 in den Kondensator Co über. In der Leitung 3 ist ein selbsttätig arbeitender Notauspuff NA und bei Kolbenmaschinen davor noch ein guter Entöler einzubauen. Das Maschinen- und Heizungskondensat sammeln sich im Speisewasserbehälter S und werden von dort aus mit Hilfe der Speisepumpe P durch die Leitung 6 wieder der Kesselanlage K zugedrückt, wobei vorher noch in einem Ekonomiser E das Kondensat vorgewärmt werden kann.

Abb. 15. Schaltung für getrennten Kraft- und Heizbetrieb als Ausgangspunkt zur Ausbildung der Schaltungen für gekuppelten Heiz- und Kraftbetrieb.

b) Teil 2: Die Heizung.

Es muß der Wärmebedarf für die Heizung von $Q_H =$ 800000 kcal/h durch Frischdampf gedeckt werden, wobei die Spannung desselben von 11,0 auf 1,2 ata herabgedrosselt werden muß. Wieder gewonnen wird das aus der Heizung mit 100° C austretende Kondensat, welches der Kesselanlage wieder zufließt. Der Wärmeinhalt des Dampfes ist vor und hinter dem Druckminderungsventil bekanntlich derselbe.

Der Dampfverbrauch der Heizung ist, falls derselben unter Ausschaltung des Überhitzers direkter Kesseldampf zugeführt wird:

$$D_H = \frac{Q_H}{i - q_c} = \frac{800000}{662 - 100} = 1423 \text{ kg/h.}$$

Wiedergewonnen werden aus dem Kondensat:

$$Q_H' = D_H \cdot q_c = 1423 \cdot 100 \ldots \ldots = 142300 \text{ kcal.}$$

c) Teil 1 und 2: Dampf- bzw. Wärmeverbrauch der Gesamtanlage.

Die Kessel müssen liefern:

Teil 1:

Für die Maschine $D_M =$ 1000 kg überhitzten Dampf = 729000 kcal/h

Teil 2:

Für die Heizung $D_H =$ 1423 kg Sattdampf	= 942026 »
Insgesamt = 2423 kg Dampf	= 1671026 kcal/h.

Zurückgewonnen werden als Flüssigkeitswärme im Kondensat folgende Wärmemengen je Stunde:

Aus Teil 1: Aus dem Kondensator Q_c'	= 41500 kcal/h
» » 2: Aus der Heizung Q_H'	= 142300 »
Insgesamt $Q_c' + Q_H$	= 183800 kcal/h.

Der Gesamtwärmeverbrauch für die Anlage nach Schaltung Abb. 15 beträgt demnach:

$$Q = D_M + D_H - (Q_c' + Q_H') = 1671026 - 183800 = 1487226 \text{ kcal/h}$$

II. Dampf- bzw. Wärmeverbrauch bei Auspuffbetrieb und Ausnutzung des Auspuffdampfes zur Heizung
(Schaltung Abb. 16, Grundschaltung 1).

Es soll nun der Fall betrachtet werden, daß der Abdampf der Maschine in die Heizungsanlage geschickt werde. In diesem Falle wird die Maschine zur Gegendruckmaschine, denn sie arbeitet nun nicht mehr auf die Kondensation, sondern auf die Heizung und somit in vorliegendem Falle auf einen Gegendruck von 1,2 ata.

a) Teil 1: Die Maschine.

Der Dampfverbrauch der Maschine ist:
$$D_M = L \cdot D_s = 200 \cdot 8{,}0 \ \ldots \ldots = \ \ 1\,600 \text{ kg/h}$$

Die der Maschine zugeführte Wärme beträgt:
$$Q_1 = D_M \cdot i_1 = 1600 \cdot 729 \ \ldots \ldots = 1\,116\,400 \text{ kcal}$$

Die in Arbeit umgesetzte Wärme ist:
$$Q_2 = D_M \cdot \lambda_{th}{}^1) = 1600 \cdot 102 \ \ldots \ldots = \ \ \ 163\,200 \ \text{»}$$
(λ_{th} zwischen 10,5, $t_a' = 300^0 \rightarrow 1{,}2$ ata).

Der Wärmeverlust in der Maschine ist:
$$Q_3 = L \cdot 115 = 200 \cdot 115 \ \ldots \ldots = \ \ \ 23\,000 \ \text{»}$$

Die Wärme von 1 kg des austretenden Abdampfes beträgt:
$$Q_a = Q_1 - Q_2 - Q_3 =$$
$$1\,166\,400 - 163\,200 - 23\,000 \ldots = \ \ 980\,200 \ \text{»}$$

Der Wärmeeinhalt von 1 kg des aus der Maschine austretenden Dampfes ist:
$$i_2 = \frac{Q_a}{D_M} = \frac{980\,200}{1600} \cong 613 \text{ kcal/kg}.$$

Die spez. Dampfmenge des mit 1,2 ata austretenden Dampfes ist:
$$x = \frac{i_2 - q'''}{r'''} = \frac{613 - 104{,}3}{536{,}5} = 0{,}948.$$

---

[1]) Siehe Abwärmetechnik I des Verf. *IS*-Tafel im Anhang.

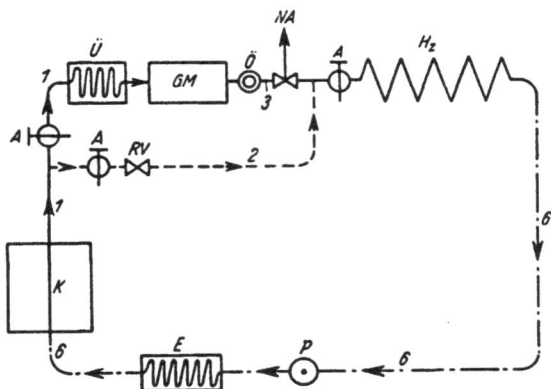

Erklärung der Schaltung. Der von der Kesselanlage K kommende Sattdampf durchströmt den Überhitzer $\ddot{U}$ und gelangt überhitzt in die Gegendruckmaschine GM, welche er mit einer gewissen Austrittspannung nach der Arbeitsleistung verläßt, um nunmehr in die Heizung Hz einzutreten. Zwischen der Gegendruckmaschine GM und der Heizungsanlage Hz muß ein selbsttätig arbeitendes Sicherheitsventil mit Notauspuff NA und bei Verwendung einer Gegendruck-Kolbenmaschine auch noch ein wirksamer Entöler $\ddot{O}$ eingebaut werden. Bei Stillstand der Maschine kann der Heizung auch gedrosselter Dampf von der Kesselanlage K durch die Umführungsleitung 2 zugeleitet werden. In der Leitung 2 sind je ein Absperrorgan A, ein Druckminderungsorgan RV und gegebenenfalls ein Sicherheitsventil einzubauen. Das Kondensat wird mit Hilfe der Speisepumpe P durch die Leitung 6 der Kesselanlage K wieder zugedrückt. In die Leitung 6 ist ein Ekonomiser E zur weiteren Vorwärmung des zum Kessel rückfließenden Kondensates eingeschaltet.

Abb. 16. Grundschaltung 1.
Die Grundschaltung für Gegendruckbetrieb.

Der Wassergehalt des austretenden Dampfes ist demnach:

$$1 - 0,948 = 0,052.$$

b) Teil 2: Die Heizung.

Der Abdampf der Maschine gelangt mit einem Wärmeinhalt $i_2 = 613$ kcal/kg in die Heizungsanlage. Das Kondensat tritt mit einem Wärmeinhalt von 100 kcal/kg aus und wird zur Kesselanlage zurückbefördert. Es ist für die Heizungsanlage erforderlich:

$$D_H = \frac{Q_H}{i_2 - q_K} = \frac{800\,000}{613 - 100} = 1560 \text{ kg/h.}$$

Demnach werden aus dem Kondensat wiedergewonnen:

$$Q_H = D_H \cdot q_K = 1560 \cdot 100 = 156\,000 \text{ kcal/h.}$$

Die in der Heizung nicht verbrauchte Auspuffdampfmenge $= D_M - D_H = 40$ kg/h kann zur Vorwärmung des Speisewassers in Gegenstromvorwärmern herangezogen werden.

c) Teil 1 und Teil 2: Dampf- bzw. Wärmeverbrauch der Gesamtanlage nach Schaltung Abb. 16.
(Grundschaltung 1.)

Die Kessel müssen liefern:

Teil 1: Für die Maschine bei

$$D_M = 1600 \text{ kg/h Frischdampf} = 1\,166\,400 \text{ kcal/h}$$

Teil 2: Von der Heizung werden davon gebraucht:

$$D_H = 1560 \text{ kg/h Abdampf.}$$

Der Wärmeverbrauch der Gesamtanlage ist
also . . . . $= 1\,166\,400$ »

Wiedergewonnen werden:

1. Aus dem Kondensat $Q_H = 156\,000$ kcal/h
2. Im Speisewasser $40 \cdot 613 = \underline{\quad 24\,520 \text{ «}\quad}$

$$\text{Insgesamt} = 180\,520 \text{ »}$$

Der Gesamtwärmeverbrauch ist demnach . . 985 880 kcal/h

III. Gegenüberstellung des Wärmeverbrauches nach Schaltung Abb. 15 und Abb. 16, also bei getrenntem und bei Gegendruckbetrieb.

I. Kondensationsbetrieb + getrennter Heizung . . . . 1 487 226 kcal/h

II. Gegendruckbetrieb + gekuppelter Heizung . . . . 985 880 »

Ersparnis bei Gegendruckbetrieb . . . 501 346 kcal/h.

Diese Ersparnis bei Gegendruckbetrieb infolge Minderverbrauches von Kesseldampf ergibt bei Umrechnung der Wärmemenge in Kesseldampf von 11,0 ata und 300⁰ Überhitzung:

$$\frac{501\,346}{728} = 690 \text{ kg/h}$$

oder bei achtfacher Verdampfung für 1 kg Kohle eine Ersparnis von:

$$\frac{690}{8} = 86 \text{ kg/h Kohlen.}$$

Nicht immer wird sich der Auspuffbetrieb so günstig gestalten wie im vorstehenden Rechnungsbeispiel, und zwar besonders dann nicht, wenn die aufzuwendende Wärmemenge von 800 000 kcal/h zur Beheizung von Räumen oder Werkstätten nicht wie vorhin angenommen einen gleichmäßigen Heizbedarf deckt, sondern nur das Maximum des Wärmebedarfes bei niedrigster Außentemperatur darstellt. Ist die aufzuwendende Wärmemenge infolge höherer Außentemperatur wesentlich geringer, z. B. nur 300 000 kcal/h, so würden sich die Verhältnisse wie folgt gestalten:

I. Für getrennten Betrieb nach Schaltung Abb. 15.

a) Dampfverbrauch der Maschine . . . .   1 000 kg/h

b) Heizung: Dampfverbrauch $\dfrac{300\,000}{662 - 100} =$ 535 »

c) Von der Kesselanlage sind abzugeben:

     a) Für die Maschine 1000 kg Dampf mit   729 000 kcal/h

     b) Für Heizung   535 kg Dampf mit

                        535 · 662 =   354 170 »

Insgesamt: 1535 kg Dampf mit   1 083 170 kcal/h

Wiedergewonnen werden:

a) Aus dem Kondensator . . . .   41 500 kcal/h
b) Aus der Heizung. . . . .   53 500   »

Insgesamt: 95 000 kcal/h

Der Gesamtwärmeverbrauch für Maschine und Heizung ist demnach: $1\,083\,170 - 95\,000 = 988\,170$ kcal/h.

II. Für Gegendruckbetrieb nach Schaltung Abb. 16.

a) Dampfverbrauch der Maschine . . . .   1 600 kg/h

b) Heizung: Dampfverbrauch $\dfrac{300\,000}{613-100} \cong$ 585   »

c) Von der Kesselanlage sind abzugeben:

   a) Für Maschine und Heizung . . . .   1 600 kg/h
   b) Davon für Heizung . . (Abdampf):   585   »

Überschuß an Abdampf: 1 015 kg/h

Wärmeverbrauch der Maschine und Heizung:
   $1600 \cdot 729 =$ . . . .   1 166 400 kcal/h

Wiedergewonnen werden aus dem Kondensat:
   $585 \cdot 100 =$ . . . .   58 500   »

Gesamtwärmeverbrauch für Maschine und Heizung . . . .   1 107 900 kcal/h

Demgegenüber steht der Kondensationsbetrieb mit getrennter Heizung, mit. . .   988 170   »

Demnach Mehrverbrauch bei Gegendruck:
   $1\,107\,900 - 988\,170 =$ . . . .   119 730 kcal/h.

Diese Betrachtungen führen zur Schaltung nach Abb. 17 (Grundschaltung 2) für

Anlagen mit Zwischendampfentnahme.

Die Zwischendampfentnahme kommt für Verwerteranlagen in Frage, welche einen höheren Dampfdruck erfordern als er hinter dem Niederdruckteil der Maschine besteht oder für solche Anlagen, welche den größeren Teil des Abdampfes nicht verwerten können, so daß sich wirtschaftliche Vorteile aus einer Abdampfverwertung mit Gegendruckbetrieb nach Grundschaltung 1 nicht ergeben könnten.

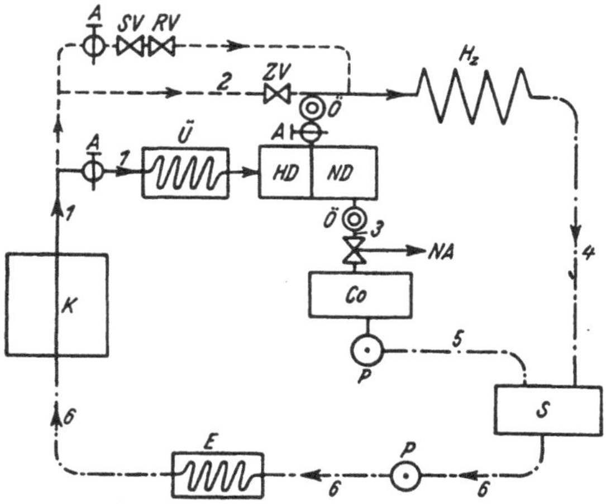

Erklärung der Schaltung. Der von der Kesselanlage *K* kommende Sattdampf durchströmt den Überhitzer *Ü* und verrichtet im Hochdruckteil *HD* der Entnahmemaschine Arbeit. Mit dem hinter demselben entnommenen Zwischendampf kann eine Heiz- oder Koch- oder Trockenanlage *Hz* oder dergleichen betrieben werden. Das Kondensat aus dem Kondensator *Co* und aus der Heizungsanlage *Hz* sammeln sich in einem Speisewasserbehälter *S*. Von hier aus wird es mit Hilfe einer Speisepumpe *P* durch die Leitung *6* durch einen Ekonomiser *E* der Kesselanlage *K* zugedrückt.

Bei Stillstand der Maschine kann der Heizanlage *Hz* auch Kesseldampf durch die Umführungsleitung *2* gegeben werden, nachdem dessen Spannung in einem Druckminderungsventil *RV* auf den in der Heizanlage zulässigen Druck gemindert worden ist. In der Schaltung sind die sonst noch notwendigen Absperrorgane *A*-Sicherheitsventile *SV* bzw. Notauspuffe *NA* und die bei Entnahme, Kolbenmaschinen nicht vermeidbaren Entöler *Ö* eingezeichnet.

Abb. 17. Grundschaltung 2.
Die Grundschaltung für Entnahmebetrieb.

Mit der Zwischendampfentnahme soll die Entnahme von direktem Kesseldampf vermieden werden, da der Kessel- oder Frischdampf seines hohen Druckes wegen zu Heiz- oder Kochzwecken fast niemals geeignet ist. Bei der unmittelbaren Kesseldampfentnahme müßte der Dampf gedrosselt werden. Diese Drosselung bringt erhebliche Energieverluste mit sich. Man benutzt aus diesem Grunde den Hochdruckteil der Kraftmaschine als Drosselorgan und erreicht damit dasselbe wie beim Gegendruckbetrieb, nämlich den Vorteil, daß die Spannung des Frischdampfes unter Arbeitsleistung auf den für den beabsichtigten Zweck geeigneten Druck herabgemindert wird.

Der der Maschine zugeführte Frischdampf leistet somit zuerst im Hochdruckteil Arbeit. Danach wird ein Teil des Dampfes der Maschine entnommen und der Verwerteranlage zugeführt, während die restliche Dampfmenge dem Niederdruckteil der Maschine zuströmt und hier weitere Arbeit verrichtet.

Der Hochdruckzylinder einer Kolbendampfmaschine bzw. der Hochdruckteil einer Turbine erhält daher bei Zwischendampfentnahme mehr Dampf als demselben bei einer Maschine zuzuführen wäre, welche bei gleicher Arbeitsleistung ohne Entnahme arbeitet. Infolgedessen ist auch die Leistung des Hochdruckteils größer als bei einer normalen Maschine. Da nun bei der bestimmten Gesamtleistung der Niederdruckteil um die größere Leistung des Hochdruckteils weniger Arbeit zu leisten hat, so muß die dem Niederdruckteil sonst zuzuführende Dampfmenge entsprechend verringert werden, d. h. der Niederdruckteil fällt in seinen Abmessungen kleiner aus. Bei Dampfturbinen kann letzterer im übrigen auf höchstes Vakuum arbeiten, um die Vorteile der Turbine gegenüber der Kolbendampfmaschine im Niederdruckgebiet voll auszunutzen.

Der Hochdruckzylinder von Kolbendampfmaschinen bei Zwischendampfentnahme erhält nach vorstehendem eine größere, der Niederdruckzylinder eine kleinere Füllung als bei Maschinen, welche unter normalen Betriebsverhältnissen, d. h. ohne Zwischendampfentnahme arbeiten. Die Verminderung der Füllung des Niederdruckzylinders findet aber praktisch dadurch seine Begrenzung, daß der Kolben des Zylinders noch eine positive Arbeit leisten muß, damit er nicht vom

Kolben des Hochdruckzylinders mitgeschleppt wird. Hinzu kommt, daß eine gewisse Füllung nicht unterschritten werden darf, um ein Trockenlaufen des Kolbens zu vermeiden.

Die Grenze für die Entnahme liegt bei Kolbendampfmaschinen etwa bei 80 v. H., und zwar bezogen auf die dem Hochdruckzylinder zugeführten Dampfmengen, einschließlich der Entnahmedampfmenge, so daß noch etwa 20 v. H. für den Niederdruckzylinder verbleiben.

Der Dampfverbrauch, der Dampfmaschine und der Anzapfturbine wächst mit der Entnahmemenge, und zwar bezogen auf die Einheit der Leistung. Der thermodynamische Wirkungsgrad, also das Verhältnis des tatsächlichen Dampfverbrauches zum theoretischen, wird kleiner je größer die Dampfentnahme ist[1]). Dr. Reutlinger[2]) hat nun folgende Gleichung für die Bestimmung der Zunahme des Dampfverbrauches aufgestellt:

$$Z = \frac{E}{1 + \frac{\lambda_H}{\lambda_N} \cdot \frac{\eta_H}{\eta_N}}.$$

In dieser Formel bedeutet:

Z die Mehrfüllung im Hochdruckteile, also den Zuwachs an Dampfverbrauch der Maschine durch Zwischendampfentnahme für 1 kg Dampfverbrauch der normalen Maschine bei gleicher Belastung[3]),

---

[1]) Siehe Abwärmetechnik Bd. I des Verf. S. 23 u. f. — Die genaue Berechnung der Zunahme Z des Dampfverbrauches bei verschiedenen Entnahmemengen gestaltet sich besonders bei den Kolbendampfmaschinen schwierig, weil infolge des Verhältnisses der Füllungen auch noch andere stets wechselnde Momente in Betracht zu ziehen sind. Diese Ermittlungen sind aber Angelegenheit der Maschinenfabriken und können hier nicht ausführlich behandelt werden. Als weiterer Literaturnachweis s. Valerius Hüttig, „Heizungs- und Lüftungseinrichtungen in Industriebauten", Aufl. 2. Leipzig, Verlag von O. Spamer.

[2]) Siehe Reutlinger-Gerbel, Kraft und Wärmewirtschaft in der Industrie. Berlin, Verlag Julius Springer 1927.

[3]) Wenn also in einer normalen Dampfmaschine für eine Leistung von 1 PS n kg Dampf verbraucht werden, so müssen der Maschine bei Entnahme: $n + n \cdot Z$ kg Frischdampf zugeführt werden.

E die Entnahme für je 1 kg Dampfverbrauch der normalen Maschine und somit $E \cdot 100$ die Entnahme in v. H. des Dampfverbrauches,

λ_H und λ_N die aus dem IS-Diagramm in bekannter Weise[1]) zu entnehmenden Wärmegefälle des Hochdruck- bzw. Niederdruckteils[2]),

η_H und η_N die betreffenden Wirkungsgrade der beiden Teile[3]).

Für die verlustlose Maschine gilt bei Annahme einer vollkommenen Expansion die Gleichung:

$$Z_{th} = \frac{E}{1 + \dfrac{\lambda_H}{\lambda_N}} \cdot$$

Die Zunahme des Dampfverbrauches der verlustlosen Maschine in Abhängigkeit von der Entnahmedampfmenge und dem Wärmegefälle kann nun mit Hilfe der von Dr. Reutlinger angegebenen Formel überschläglich ermittelt werden. Die Ermittlung kann nur angenähert sein, weil die Dampfverbrauchzunahme auch wesentlich von der Höhe des Zwischen- oder Anzapfdruckes, anderseits aber auch — wenn auch in viel geringerem Maße — vom Zustand (Druck und Temperatur) des in die Entnahmemaschine eintretenden Frischdampfes abhängt.

Den Rechnungsgang erläutere folgendes Beispiel:

Einer Entnahmemaschine von 500 PS$_i$ mit einem spez. Dampfverbrauch von 6 kg/PS$_i$h ohne Entnahme, werde eine Dampfmenge von 1200 kg/h bei einem Druck von 2,5 ata für eine Kocheranlage entnommen. Als Zudampf zu der Maschine komme Sattdampf von 12,0 ata in Frage. Der Kondensatordruck betrage 0,20 ata. Wie groß sind die Ersparnisse gegenüber einer Anlage ohne Entnahmemaschine, bei welcher die Entnahmedampfmenge durch Kesseldampf gedeckt werden muß?

---

[1]) Siehe auch Abwärmetechnik Bd. I S. 7 u. f.
[2]) Siehe auch Abwärmetechnik Bd. I, Zahlentafel 7 (S. 19) und 8 (S. 21).
[3]) Der Unterschied der ausgeführten Maschine zu der verlustlosen wird gekennzeichnet durch das Verhältnis η_H/η_N, welches sich mit der Belastung ändert.

I. Aus dem *IS*-Diagramm (s. Bd. I Tafel I im Anhang) ergeben sich durch Abgreifen für die verlustlose Maschine folgende adiabatische Wärmegefälle:

$$\lambda_H \text{ von } 12{,}0 \text{ auf } 2{,}5 \text{ ata} = 68 \text{ kcal,}$$
$$\lambda_N \text{ » } 2{,}5 \text{ » } 0{,}2 \text{ » } = 85 \text{ » .}$$

Der Dampfverbrauch der Maschine ist $D_M =$
$500 \cdot 6 = $ . . . . 3000 kg/h
Entnommen werden bei 2,5 ata . . . . . . 1200 » ,
infolgedessen ist
$$E = 0{,}4 \cdot D_M.$$

Es ist somit nach Reutlinger:

$$Z_{th} = \frac{E}{1 + \dfrac{\lambda_H}{\lambda_N}} = \frac{0{,}4}{1 + \dfrac{68}{85}} = 0{,}22.$$

Die Maschine erfordert also bei einer Entnahme von 1200 kg/h nicht mehr einen spez. Dampfverbrauch von 6 kg/PS$_i$h, sondern von

$$6 + 0{,}22 \cdot 6 = 7{,}32 \text{ kg/PSih,}$$

es muß ihr somit bei einer Leistung von 500 PS$_i$ eine Dampfmenge

$$D_{KM} = 500 \cdot 7{,}32 = 3660 \text{ kg/h}$$

zugeführt werden.

II. Bei Speisung der Kocheranlage mit gedrosseltem Frischdampf aus der Kesselanlage würden benötigt für:

Teil 1. Maschine: $500 \cdot 6 = $ . . . . 3000 kg/h
Teil 2. Kocheranlage . . . . 1200 »
Insgesamt: 4200 kg/h.

Der Unterschied in der Leistung der Kesselanlage und damit die Höhe der Ersparnis ist:

$$4200 - 3660 = 540 \text{ kg/h Dampf,}$$

und bedeutet — bezogen auf den Dampfverbrauch der Maschine — gegenüber einer Maschine ohne Entnahme und dem hierdurch bedingten Zusatz von 1200 kg/h Frischdampf für die Heizanlage eine Ersparnis von

$$540/4200 = 0{,}129 = 12{,}9 \text{ v. H.}$$

Die hier gegebene Rechnung bezieht sich aber bis jetzt auf die verlustlose Maschine, und zwar ganz gleichgültig, ob eine Kolbenmaschine oder eine Dampfturbine verwendet wird. Auch wurde bei der Berechnung der Ersparnisse der Entnahmedampf als gleichwertig mit dem Frischdampf betrachtet. In Wirklichkeit muß der Frischdampf, bezogen auf seinen Wärmeinhalt, höher bewertet werden als der Entnahmedampf, welcher unter Umständen erheblich naß sein kann, besonders wenn — wie in diesem Rechnungsbeispiel der Einfachheit des Rechnungsganges halber angenommen — der Zudampf zur Entnahmemaschine schon an sich trocken gesättigter Dampf ist. Sodann wurde stillschweigend eine konst. Entnahme vorausgesetzt, eine Annahme, welche leider in der Praxis recht selten zutrifft. Es muß also noch untersucht werden, wie sich die Ergebnisse von ausgeführten Maschinen zu den Berechnungen an der verlustlosen Maschine stellen[1]).

Bei der ausgeführten Maschine ist das Verhältnis des Wirkungsgrades des Hochdruckteiles zu dem des Niederdruckteiles in Betracht zu ziehen. Reutlinger bringt dies in seiner Formel durch Einführung von η_H und η_N wie folgt zum Ausdruck:

$$Z = \frac{E}{1 + \dfrac{\lambda_H}{\lambda_N} \cdot \dfrac{\eta_H}{\eta_N}}.$$

Der Unterschied der ausgeführten Maschine und der verlustlosen liegt in dem Verhältnis η_H/η_N, welches sich mit der Belastung ändert[2]).

Das Verhältnis Z_{th}/Z_{eff} — also der Mehrfüllung im Hochdruckteil bei der verlustlosen zur ausgeführten Maschine — liegt innerhalb enger Grenzen, und die Werte von Z_{th} und Z_{eff} werden um so näher aneinander liegen, je geringer der Einfluß der Belastung auf den Dampfverbrauch der Maschine ohne Entnahme ist.

---

[1]) Näheres s. Valerius Hüttig, „Heizungs- und Lüftungsanlagen in Fabriken", Aufl. 2, S. 373 u. f. Leipzig, Verlag von O. Spamer.

[2]) Für die genaue Berechnung, wie sie der Maschinen-Ingenieur bei Abgabe der zu garantierenden Dampfverbrauchszahlen führen muß, sind die Werte für η_H und η_N bei Kolben-Entnahmemaschinen nach den üblichen Verfahren durch Aufzeichnen der Indikatordiagramme zu ermitteln.

Durch Einfügung der Beizahl

$$\zeta = \frac{Z_{th}}{Z_{eff}}$$

kann der Dampfverbrauch für beliebige Verhältnisse immerhin mit der Genauigkeit bestimmt werden, welche für die Verwendung von Zwischendampf zu Heizungs-, Koch- oder ähnliche Zwecke benötigt wird.

Es ist also die Zunahme des Dampfverbrauches der aus geführten Maschine mit Zwischendampfentnahme =:

$$Z_{eff} = \frac{E}{\zeta \left(1 + \frac{\lambda_{II}}{\lambda_N} \right)}.$$

Professor V. Hüttig hat nun eingehende Untersuchungen über die Bestimmung der Beizahl ζ durchgeführt und kommt zu dem Ergebnis, daß sich zwar kein gesetzmäßiger Zusammenhang zwischen Dampfverbrauch, Entnahmedruck und Entnahmemenge aus den Versuchsergebnissen und Erfahrungen an ausgeführten Maschinen erkennen läßt, daß jedoch $\zeta = \frac{Z_{th}}{Z_{eff}}$ bei normaler und gleichbleibender Belastung der Maschine unter auch sonst gleichbleibenden Verhältnissen mit wachsender Entnahmedampfmenge nur wenig wächst.

Es kann für ζ im Mittel:

bei voller Belastung $\zeta = 0{,}90$,
bei verminderter Belastung $\zeta = 0{,}94$

gesetzt werden.

Unter Einsetzung dieser Werte für ζ in obige Formel für Z_{eff} zur angenäherten Vorausbestimmung des Mehrverbrauches einer Kolbenmaschine bei Entnahme gegenüber dem Dampfverbrauche bei normalen Betrieben und ohne Entnahme, werden anderseits auch die Ersparnisse durch Zwischendampf angenähert ermittelt werden können, und zwar zweckmäßig nach folgender einfachen Formel von Dr. Reutlinger:

$$\text{Ersparnisse} = \frac{E - Z}{1 + E} \, 100 \text{ in v. H.}$$

Diese Ersparnisse in Prozenten beziehen sich auf den Dampfverbrauch der normalen Maschine ohne Entnahme, also auf eine Maschine mit Kondensation und zwar unter der Annahme, daß der Zwischendampf dem Frischdampf gleichwertig ist.

Unter Zugrundelegung der entwickelten Berechnungsweise berechnet sich demnach für eine Maschine mit 500 PS$_i$ und einem Dampfverbrauch ohne Entnahme von 6,0 kg/PS$_i$h — wobei als Zudampf zur Maschine Sattdampf von 12,0 ata sowie eine Kondensatorspannung von 0,20 ata gewählt wird — der Dampfverbrauch bei Entnahme von 1200 kg/h Dampf von 2,5 ata wie folgt:

Es ist

$$E = \frac{1200}{6 \cdot 500} = 0,4.$$

Wird $\zeta = \frac{Z_{th}}{Z_{eff}}$ unter Zugrundelegung voller Belastung mit 0,90 angenommen, so wird:

$$Z_{eff} = \frac{E}{0,9 \left(1 + \frac{\lambda_H}{\lambda_N}\right)} = \frac{0,4}{0,9 \left(1 + \frac{68}{85}\right)} \cong 0,248.$$

Der Dampfverbrauch je PS$_i$h erhöht sich somit von 6,0 auf

$$6,0 + 6,0 \cdot 0,248 = 7,488 \text{ kg/PS}_i\text{h}$$

und der Gesamtdampfverbrauch bei Entnahme von 1200 kg/h Dampf von 2,5 ata auf

$$500 \cdot 7,488 = 3744 \text{ kg/h.}$$

Die Ersparnisse gegenüber getrenntem Betriebe mit Frischdampfzusatz ergeben sich nach Dr. Reutlinger zu:

$$\frac{E - Z}{1 + E} \cdot 100 = \frac{0,4 - 0,248}{1 + 0,4} \cong 10,85 \text{ v. H.}$$

Auch diese Ersparnisberechnung ist unter der Annahme durchgeführt, daß der Entnahmedampf dem Frischdampf gleichwertig gesetzt werden kann. Diese Annahme ist nicht haltbar; denn der Wärmeinhalt des Zwischendampfes ist sehr verschieden, weil der Dampf die Maschine überhitzt, gesättigt oder als Naßdampf verlassen kann.

Hier wird sofort der Unterschied zwischen Kolbenmaschine und Turbine offenbar; denn bei der Kolbenmaschine gelangt bei der Expansion im Hochdruckzylinder der Dampf sehr rasch

an die Sattdampfgrenze und überschreitet sie auch sehr oft,
so daß er schon naß den Hochdruckzylinder verläßt, während
bei der Turbine, welche höhere Überhitzungsgrade als die
Kolbenmaschine verträgt, der Entnahmedampf zumeist noch
überhitzt ist. Soll bei Kolbenmaschinen der Entnahmedampf
auf weitere Strecken geleitet werden, so empfiehlt sich schon
aus diesem Grunde, zur Nachtrocknung und leichten Überhitzung der Einbau eines Zwischendampfüberhitzers, wie er
in Band I (S. 175) besprochen worden ist. Der Zwischendampf ist allerdings vor Eintritt in den Zwischenüberhitzer
in einem guten Wasserabscheider gründlich zu entwässern.
Durch die geringe Überhitzung im Zwischendampfüberhitzer
werden die Wärmeverluste bei der Fortleitung des Entnahmedampfes verringert.

Bei einer verlustlosen Maschine ist der Zustand des Ent-
nahmedampfes sofort aus dem IS-Diagramm (Tafel I Anh.
Bd. I) abzulesen, wenn man von dem Punkt A, welcher den
Zustand des Frischdampfes bestimmt, die Senkrechte bis zur
Linie des Entnahmedruckes zieht, welche das adiabatische
Wärmegefälle im Hochdruckteil darstellt (s. a. Abb. 2 Bd. I).
Liegt der Schnittpunkt B der Adiabate mit der Linie des
Entnahmedruckes oberhalb der Grenzkurve, so ist der Ent-
nahmedampf noch überhitzt, liegt er auf derselben, so ist er
trocken gesättigt, liegt er zuletzt unterhalb der Grenzkurve,
so ist er naß.

Bei der ausgeführten Maschine spielt der Wirkungsgrad
des Hochdruckteiles eine wesentliche Rolle. Die Expansion
verläuft nicht adiabatisch sondern polytrop. Ist der Wirkungsgrad bekannt, so ist das adiabatische Wärmegefälle λ_{th} mit
demselben zu multiplizieren. Dieses wirklich zur Kraftleistung
ausgenutzte Wärmegefälle $\lambda = \eta_H \cdot \lambda_{th}$ ist im gewählten Maßstabe der Wärmeeinheiten auf der Adiabate aufzutragen
($= AC$ in Abb. 2 Bd. I). Der Schnittpunkt D, der durch C
gezogenen Horizontalen mit der Linie des gewählten End-
druckes gibt dann den Zustand des Dampfes an, welcher den
Hochdruckteil verläßt.

Der Wirkungsgrad des Hochdruckteiles der Kraftmaschine
hängt von der Überhitzung und der Spannung des Zudampfes
zur Maschine sowie von der Höhe der Entnahmemenge E

und von dem Entnahmedruck ab, welcher bei Kolbenmaschinen mit dem Aufnehmerdruck übereinstimmt. Für diesen Wirkungsgrad gibt Reutlinger folgende Werte an:

für Kolbenmaschinen:

  a) für Sattdampf . . . . $\eta_H = 0,65\text{---}0,75$
  b) für überhitzten Dampf bis $t_a = 275^0$ . . $\eta_H = 0,75\text{---}0,85$
  » » » für $t_a > 275^0$ . . $\eta_H = 0,85\text{---}0,90$
für Turbinen: $\eta_H > 0,55$.

Demnach ist der wirkliche Wärmeinhalt des Entnahmedampfes:
$$i_e = i_1 - (i_1 - i_2) \cdot \eta_H.$$

In dem oben gewählten Beispiel einer 500-PS$_i$-Maschine, welche mit Sattdampf von 12,0 ata gespeist wird, ist $i_1 = 664$ kcal/kg (s. Zahlentafel 1 Bd. I) und $i_1 - i_2 = \lambda_{H} = 68$ kcal (s. S. 36).

Es ist demnach:
$$i_e = 664 - 68 \cdot 0,8 = 609,6 \text{ kcal/kg}.$$

Die Dampftabelle (Zahlentafel 1 Bd. I) weist für 2,5 ata einen Wärmeinhalt von 645 kcal/kg für Sattdampf auf. Da der wirkliche Wärmeinhalt des Entnahmedampfes aber nur 609,6 kcal/kg ist, so ist in dem gewählten Rechnungsbeispiel der Entnahmedampf naß. Sein Dampfgehalt x bzw. sein Wassergehalt $1 - x$ ergibt sich aus der Beziehung:
$$i_e = q + x \cdot r.$$

Nach der Dampftabelle ist
$$q = 126,5 \text{ kcal/kg},$$
$$r = 518,5 \quad \text{»} \quad ,$$
und somit ergibt sich der Dampfgehalt zu:
$$x = \frac{609,6 - 126,5}{518,5} = 0,931$$

und der Wassergehalt zu:
$$1 - 0,931 = 0,069.$$

Die Verhältnisse werden mit wachsender Überhitzung des der Entnahmemaschine zugeführten Frischdampfes günstiger. Z. B. wird bei 260^0 Überhitzung: $x = 0,996$ und dement-

sprechend $1 - x = 0,004$. Es soll aber zur schärferen Klar-
stellung des Sachverhaltes Sattdampf als Zudampf zur Entnahmemaschine beibehalten werden.

Der Entnahmedampf ist somit nach obigem Rechnungsbeispiel sehr feucht.

Würde nun direkter Kesseldampf — also Sattdampf von
12,0 ata — in die Kocheranlage geschickt werden, so müßte
der Dampf von 12,0 auf 2,5 ata gedrosselt werden. Der Wärmeinhalt des Kesseldampfes verringert sich bei dieser Drosselung
nur insoweit, als die in ihm enthaltene Energie zur Erzeugung
der Strömungsgeschwindigkeit in der an das Drosselorgan
angeschlossenen Rohrleitung aufzuwenden ist unter der
Voraussetzung der vollkommenen Vermeidung von Wärmeverlusten und Strahlung.

Die allgemein gültige Gleichung für strömende Bewegung
von Flüssigkeiten ist:

$$A \cdot \frac{w_1^2}{2\,g} + i_1 = A \cdot \frac{w_2^2}{2\,g} + i_2,$$

worin A das Wärmeäquivalent der Einheit der Arbeit,

w_1 die Geschwindigkeit des Dampfes vor der Drosselstelle,

w_2 die Geschwindigkeit des Dampfes hinter der
Drosselstelle,

i_1 den Wärmeinhalt vor der Drosselung,

i_2 den Wärmeinhalt nach der Drosselung bezeichnet.

Ist also der Zustand des Dampfes vor der Drosselung bekannt[1]), so ist es leicht, den Wärmeinhalt nach obiger Gleichung
hinter der Drosselstelle zu ermitteln.

Es sei angenommen, daß der Dampf vor der Drosselstelle
einen Druck von 12 ata und einen Wärmeinhalt von 664 kcal/kg
habe und seine Geschwindigkeit bis zur Drosselstelle gleich
$w_1 = 10$ m sei. Im Drosselorgan werde sein Druck auf 2,5 ata
herabgemindert und in der folgenden Leitung nehme er eine

---

[1]) Er kann gleich dem Zustand im Kessel bzw. nach dem
Überhitzer angenommen werden, wenn das Drosselorgan nicht allzu
weit entfernt ist (ca. ≤ 100 m).

Geschwindigkeit von der Größe $w_2 = 45$ m an, dann ist sein Wärmeinhalt nach der Drosselung:

$$i_2 = A \left(\frac{w_1{}^2}{2\,g} - \frac{w_2{}^2}{2\,g} \right) + i_1,$$

wofür man auch schreiben kann:

$$i_2 = i_1 - A\,\frac{w_2{}^2 - w_1{}^2}{2\,g}.$$

In dem gewählten Rechnungsbeispiel ist

$$i_2 = 664 - \frac{1}{427} \cdot \frac{45^2 - 10^2}{2 \cdot 9{,}81}$$

oder

$$i_2 = 663{,}77 \text{ kcal/kg.}$$

Hieraus ergibt sich, daß selbst bei ganz erheblicher Geschwindigkeitszunahme der Wärmeinhalt vor und hinter dem Druckminderungsorgan praktisch gleich bleibt.

Den von 12,0 auf 2,5 ata gedrosselten Kesseldampf vom Wärmeinhalt 663,77 steht nun Entnahmedampf von 609,6 kcal/kg gegenüber.

Bei einem Wärmebedarf der Kocheranlage von

$$1200 \cdot 609{,}6 = 731\,520 \text{ kcal/h}$$

werden also nur $\dfrac{731\,520}{663{,}77} = 1100$ kg Kesseldampf benötigt, d. h. eine um 100 kg/h geringere Kesseldampfmenge als bei der Verwendung von Entnahmedampf.

Die erzielten Ersparnisse berechnen sich nun wie folgt: Es ist der

Dampfverbrauch der Maschine ohne Entnahme = 3000 kg/h
und der Maschine mit Entnahme = 3744 » .

Bei getrenntem Maschinen- und Heizbetriebe sind nun zur Deckung des Wärmebedarfes der Kocheranlage nur 1100 kg Dampf von einem Wärmeinhalt von 663,77 kcal/kg notwendig. Es werden also bei getrenntem Betriebe im ganzen

$$3000 + 1100 = 4100 \text{ kg/h Kesseldampf}$$

benötigt, woraus sich nun die Ersparnisse auf den Dampfverbrauch der Maschine ohne Entnahme bezogen, wie folgt ergeben: $\dfrac{4100 - 3744}{3000} = 0{,}119$ oder $= 11{,}9$ v. H.

Würden Entnahmedampf und gedrosselter Frischdampf gleichgesetzt, so würden die Ersparnisse

$$\frac{3000 + 1200 - 3744}{3000} = 0,152 \text{ oder } 15,2 \text{ v. H.}$$

betragen, woraus sich ergibt, wie sehr das Ertragsergebnis verfälscht wird, wenn gedrosselter Frischdampf und Entnahmedampf bei Speisung aus derselben Kesselanlage als gleichwertig behandelt würden.

Wird der Frischdampf auf 260⁰ überhitzt der Maschine zugeführt, so würde die Ersparnis = 18,8 v. H. und bei Gleichwertigsetzung von Frischdampf und Entnahmedampf 26,4 v. H. betragen.

Aber auch dies Ergebnis ist zuungunsten der Entnahmemaschine durch den Umstand verfälscht, daß der aus der Kesselanlage entnommene Frischdampf durch die Drosselung im Druckminderungsorgan von 12,0 auf 2,5 ata an Arbeitsfähigkeit verliert, die der Entnahmemaschine zugute kommt, weil im Hochdruckteil der Dampf unter Entspannung von 12,0 auf 2,5 ata Arbeit leistet.

Bei der Drosselung bleibt der Wärmeinhalt des Dampfes derselbe. Der Drosselverlust kann aus dem *IS*-Diagramm entnommen werden, indem man durch den Anfangszustand des Dampfes (»A« Abb. 2 Bd. I S. 6) die Drosselungshorizontale bis zum Schnittpunkt (D_r) mit der Linie des gewünschten Minderdruckes zieht (im Rechnungsbeispiel 2,5 ata). Die Strecke $A - D_r$ stellt dann den Entropieverlust dar, welcher auf der Abszissenachse der *IS*-Tafel abgelesen werden kann.

Die Entropie bei gleichem Wärmeinhalte von 664 kcal/kg ist

für 2,5 ata . . . . $S'' = 1,733$
für 12,0 ata . . . . $S' = 1,559$
Entropiezunahme $S'' - S' = 0,174.$

Der Kondensatordruck war = 0,2 ata. Die entsprechende absolute Kondensatortemperatur ist nach der Dampftabelle $T_c = 332,8^0$. Auf diese Temperatur bezogen ergibt sich somit ein Arbeitsverlust von

$$0,174 \cdot 332,8 = 57,90 \text{ kcal/kg Dampf.}$$

Da die Maschine für 1 PS_i 6,0 kg Dampf von $i_1 = 664$ kcal/kg $= 3984$ kcal/PS_ih verbraucht, so beträgt der Arbeitsverlust in PS_i ausgedrückt bei dem Verbrauche von 1100 kg

$$\frac{1100 \cdot 57{,}90}{3984} = 16\,PS_i$$

oder 3,2 v. H. der Gesamtleistung von 500 PS_i.

Zieht man die obigen Wärmeverluste von $1100 \cdot 57{,}90 = 93\,690$ kcal in Vergleich mit dem Gesamtwärmebedarf der Maschine, so ergibt sich naturgemäß die gleiche Ersparnis von 3,2 v. H. Die Ersparnisse durch Zwischendampfentnahme erhöhen sich also auf

$$11{,}9 + 3{,}2 = 15{,}1 \text{ v. H.}$$

und erreichen also beinahe dieselbe Höhe des Prozentsatzes wie bei der Annahme der Gleichwertigkeit von Frischdampf und Entnahmedampf. Würde der Kesseldampf vor Eintritt in die Maschine auf 260° überhitzt werden, so ergibt sich eine Gesamtersparnis von $18{,}8 + 5{,}2 = 24$ v. H.

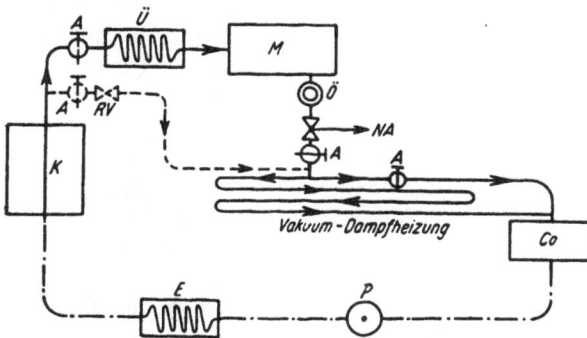

Abb. 18. Schematische Darstellung einer Vakuumdampfheizung.

Die letzte Möglichkeit der Raumbeheizung mit Dampfheizungen besteht in der Beschickung derselben mit **Vakuumdampf**. Die Schaltung solcher Anlagen zeigt Abb. 18. So bestechend derartige Anlagen sich auf dem Papier ausnehmen, so haben sie doch Nachteile, welche bisher die Einführung derartiger Vakuumdampfheizungen in Deutschland verhindert haben. Es ist z. B. schwer, die Anlage genügend dicht zu halten,

damit das Vakuum nicht beeinträchtigt oder sogar zerstört
wird. Soll aber ein gutes Vakuum im Dauerbetrieb gehalten
werden, so müssen die Rohrleitungen sehr groß gewählt
werden, da das Dampfvolumen mit steigender Luftleere sehr
stark wächst. Dieser Umstand bedingt eine erhebliche Höhe
der Anlagekosten! Vakuumverluste infolge Undichtheiten
sind unvermeidlich.

Die Vakuumdampfheizung in der vorstehend gekennzeich-
neten Art sind gegebenenfalls dann verwendbar, wenn es sich
um die Beheizung einer einzigen größeren Räumlichkeit handelt,
weil in diesem Falle die erforderliche Heizfläche durch eine
weitere Rohrleitung in einem einzigen Rohrzuge geschaffen
werden kann.

Geht man aber einen Schritt weiter und stellt unmittelbar
hinter der Dampfkraftmaschine einen Lufterhitzer auf (siehe
Bd. I S. 126), welcher mit dem aus der Maschine austretenden
Vakuumdampf beheizt wird, so erhält man eine Abwärmeverwertungsanlage von hoher Wirtschaftlichkeit. Der der Maschine
nachgeschaltete Lufterhitzer wirkt als Luftkondensator, bei
welchem als Kühlmittel strömende Luft statt strömendes Wasser verwendet wird. Da für die Luft große Querschnitte vorgesehen werden müssen, so wird bei diesen Luftkondensatoren
der Dampf durch die Rohre und die Luft in geeigneter Weise
um die Rohre mit Hilfe von Ventilatoren geblasen.

Die im Kondensator erreichbare Erwärmung der Luft
hängt von der Dampftemperatur bzw. der Höhe des Vakuums
ab. Im Kondensator läßt sich Vakuumdampf bis zu etwa
90 v. H. Vakuum und 46° ausnutzen. Die gebräuchlichen
Werte des Vakuums sind mit den zugehörigen Dampftemperaturen in folgendem zusammengestellt:

Vakuum in v. H.	90	85	80	75	70	65	60
Dampftemperatur °C	46	54	60	65	69	73	76.

Grundsätzlich ließe sich eine Lufterwärmung bis dicht
an die Dampftemperatur erreichen. Da aber die Anschaffungskosten und der durch den Widerstand erzeugte Kraftverbrauch
mit den letzten Erwärmungsgraden ganz erheblich ansteigen,
darf man die Erwärmung der Luft nicht bis zur letzten Grenze
der Möglichkeit treiben.

Erfordert der Verwendungszweck eine Temperaturerhö-
hung der Luft, über die hierdurch gezogenen Grenzen hinaus,
so ist dem Luftkondensator nur ein Teil der Erwärmung zu
übertragen und die Luft durch eine mit höher gespanntem
Dampf gespeiste besondere Heizrohrabteilung — gegebenenfalls durch Frischdampf — nachzuwärmen.

Bei hohem Vakuum und Entnahme der Luft aus dem
Freien empfiehlt es sich, für Tage starken Frostes das Vakuum
stark herabzusetzen und den dadurch entstehenden erhöhten
Dampfverbrauch der Maschine vorübergehend in Kauf zu
nehmen, schon weil an solchen Tagen ohnehin für die Lufterwärmung mehr Dampf benötigt wird. Der gleiche Weg läßt
sich ohne Beeinträchtigung der Wirtschaftlichkeit, häufig
auch dann einschlagen, wenn die durch ein hohes Vakuum
beschränkte Lufttemperatur für den Verwendungszweck nicht
ausreicht.

Überhaupt wird die Regelung durch Veränderung des
Vakuums vorgenommen. Man berechnet den Lufterhitzer
zweckmäßig für eine mittlere Außentemperatur von $\pm\,0^0$
für unsere Breiten. Zur Deckung des Wärmebedarfs bei dieser
Temperatur läßt man alsdann ein Vakuum von 80 v. H. zu.
Sinkt die Außentemperatur, so wird das Vakuum bis auf
65 v. H. herab verschlechtert und damit die Dampftemperaturen auf 73^0 erhöht. Sinkt die Außentemperatur weiter,
so wird nach Vorstehendem eine Sonderabteilung des Kondensators mit Frischdampf beheizt oder die ganze Anlage auf
Auspuffbetrieb umgestellt. Letztere Maßnahme ist aber nur
zulässig, wenn $\geq$ 60 v. H. des Abdampfes in der Heizung
niedergeschlagen werden können, da sonst durch den großen
Verlust an Dampf eine Unwirtschaftlichkeit dieses Verfahrens
eintreten würde.

Die Anwendung dieser Regelung ist von besonderem
Vorteil, wenn Kolbenmaschinen als Kraftquelle verwendet
werden. Die Verschlechterung des Vakuums bringt einen
Mehrdampfverbrauch der Maschine mit sich. Dies bedeutet
aber keinen Verlust, wenn der Dampf restlos in der Heizung
verbraucht wird. Sind alle diese Voraussetzungen erfüllt,
so stellt die vorstehende Art der Regelung zugleich eine ideale
Regelung dar.

Abb. 19 zeigt das Schaltungsschema einer Vakuumdampfheizung mit Luftkondensator und Abb. 20 eine Anlage
der Firma Danneberg & Quandt für eine 250-PS-Verbund-
Kondensationslokomobile mit Vakuumdampf-Luftheizung. Bei
Anlagen, in denen der Luftkondensator nicht ständig in Betrieb
sein soll, wird außer ihm ein Einspritz- oder Oberflächenkondensator an die Abdampfleitung angeschlossen.

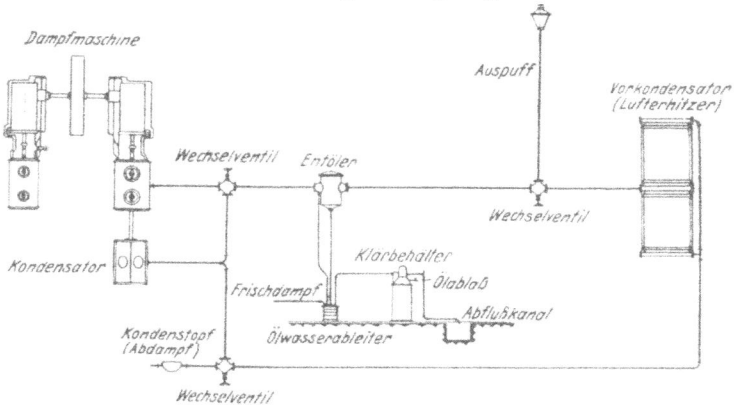

Abb. 19. Schaltungsschema einer Vakuumdampfheizung
mit Luftkondensator.

I b) Für Heißwasserverbraucher.

Sehr oft wird in technischen Betrieben neben Heizdampf
auch Heißwasser benötigt, und zwar stehen zur Erzeugung
desselben ganz allgemein drei Möglichkeiten zur Verfügung.

1. Erwärmung durch Entnahmedampf (Abb. 21,
   Grundschaltung 3).

2a. Erwärmung des Kühlwassers von Kondensationsanlagen durch den Abdampf der Hilfsturbine oder
   Dampfstrahlpumpe (Abb. 23).

2b. Durch den Abdampf der Hauptmaschine, und zwar
   durch Einschaltung von Gegenstromapparaten zwischen Maschine und Kondensator (Abb. 24, Grundschaltung 4).

Im ersten Falle wird der Maschine EM Anzapfdampf entnommen, welcher einem Boiler B zugeleitet wird (s. Abb. 21,
Grundschaltung 3).

Sollen z. B. in einem solchen Boiler 10000 kg Umlaufwasser je Stunde einer Warmwasserpumpenheizung von 70 auf 90° erwärmt werden, so ist hierzu eine Wärmemenge von

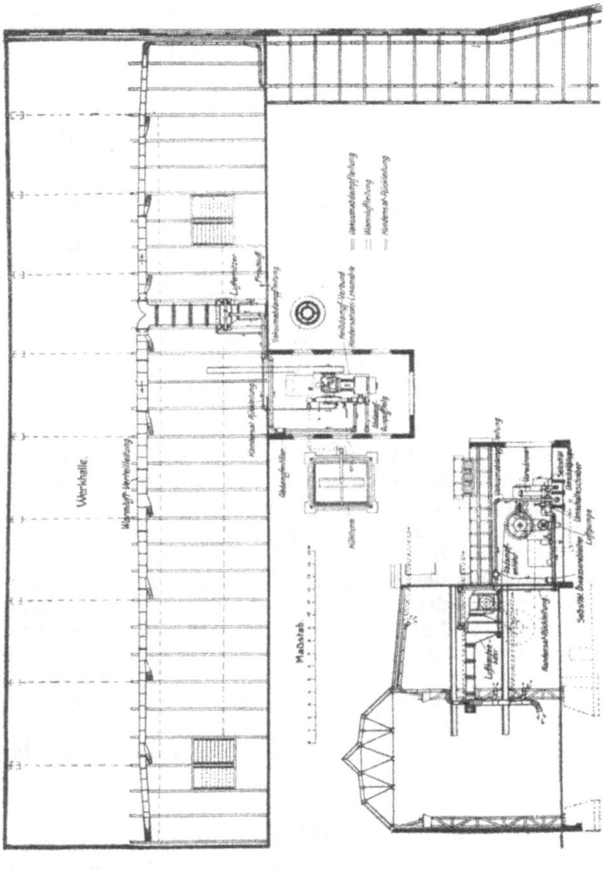

Abb. 20. Vakuumdampf-Luftheizung der Firma Danneberg & Quandt, Berlin, hinter einer 250 PS Verbund-Kondensations-Lokomobile.

$10000 \cdot 20 = 200000$ kcal/h notwendig. Es stehe wieder die Entnahme-Kondensationsmaschine von 500 PS$_i$ mit einem Zudampfdruck von 12 ata ohne Überhitzung zur Verfügung, deren Dampfverbrauch ohne Entnahme 6,0 kg/PS$_i$ bei einem Entnahmedruck von 2,5 ata und einem Kondensatordruck von 0,2 ata beträgt. Die Dampfmenge zur Wassererwärmung

Balcke, Abwärmetechnik II.   **4**

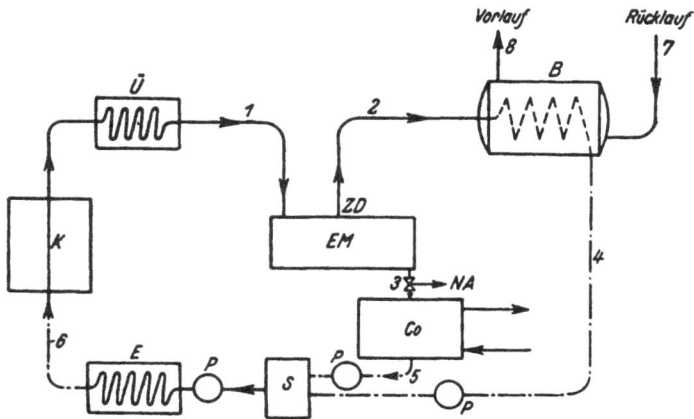

Erklärung der Schaltung. Der von der Kesselanlage K kommende Frischdampf strömt durch den Überhitzer $Ü$ zur Entnahme-Kondensationsmaschine EM. Mit dem entnommenen Zwischendampf wird ein Boiler oder Gegenstromvorwärmer B zur Erzeugung heißen Wassers zu Heizungs- oder Gebrauchszwecken beheizt. Das Kondensat des Boilers und das aus dem Kondensator Co abfließende Dampfkondensat sammeln sich in einem Speisewasserbehälter oder Mischgefäß S und werden mit Hilfe einer Speisepumpe P gegebenenfalls durch einen Ekonomiser E wieder in den Kessel zurückgedrückt. Sicherheitsventile, Absperrorgane, Notauspuff usw., wie auch eine Reserveleitung vom Kessel unmittelbar zum Boiler sind aus der Schaltung herausgelassen, weil sie nur eine sinngemäße Wiederholung der entsprechenden Schaltungsstücke der Abb. 16 und 17 darstellen.

Abb. 21. Grundschaltung 3.
Die Grundschaltung zur Erzeugung von Heißwasser mit Entnahmedampf.

werde von der gesamten Entnahmedampfmenge abgezweigt
(zur Vereinfachung des Rechenbeispieles).

Zur Deckung obiger Wärmeleistung müssen von der Entnahmemenge aus der Maschine EM

$$\frac{200\,000}{i_e} = \frac{200\,000}{609,6} = 328 \text{ kg/h}$$

abgezweigt werden. Der Boiler selbst berechnet sich dann
nach den in Band I, S. 217 und S. 220 gemachten Angaben.

Einen ähnlich gelagerten Fall unter gleichzeitiger Verwertung der Kühlwasserabwärme von Kondensationsanlagen
zeigt Abb. 22. Hier wird ein Teil des warmen Kondensations-

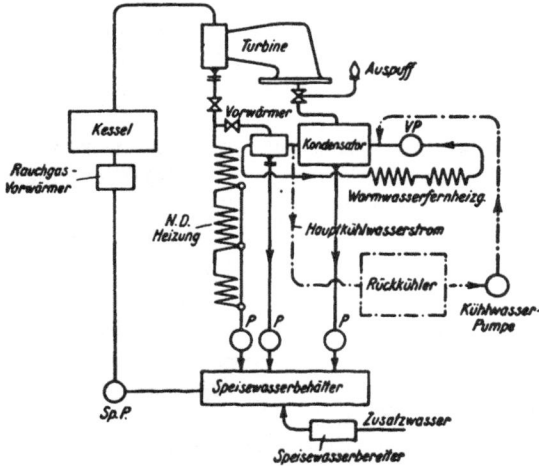

Abb. 22. Schaltung zur Verwertung der Kühlwasserabwärme
von Kondensationsanlagen zu Heizungszwecken unter Verwendung von Entnahmedampf zur Nacherwärmung.

kühlwassers von der Hauptmenge abgezweigt und dem Boiler
oder Gegenstromvorwärmer zur weiteren Erwärmung zugedrückt. Der Boiler oder Vorwärmer wird mit Zwischendampf
der Entnahmemaschine gespeist, welcher von der zu der Koch-
oder Dampfheizanlage abgehenden Anzapfdampfmenge ebenfalls abgezweigt wird.

In dem gewählten Rechnungsbeispiel einer 500-PS$_i$-
Entnahmemaschine beträgt der Kondensatordruck 0,2 ata.
Die Kühlwasseraustrittstemperatur beträgt demnach nach der

4*

Dampftabelle etwa 60⁰. Unter Entnahme von 1200 kg Dampf von 2,5 ata treten bei der 500-PS$_i$-Maschine $3744 - 1200 = 2544$ kg Dampf in den Kondensator ein. Die spezifische Kühlwassermenge ist mit etwa $n = 50$ anzusetzen (s. Bd. I, S. 52), d. h. es sind $2544 \cdot 50 = 127\,200$ kg $= 12,7$ cbm/h Kühlwasser zum Betriebe des Oberflächenkondensators notwendig.

Von dieser Gesamtkühlwassermenge sollen 10 000 kg/h abgezweigt und in dem Boiler auf 90⁰ als Vorlauftemperatur hochgeheizt werden. Dazu ist eine Wärmemenge von 300 000 kcal/h oder eine Anzapfdampfmenge von $300\,000/609,6 = 492$ kg/h erforderlich. Auf den Boiler oder Vorwärmer der Schaltung Abb. 22 kann auch der Abdampf der das Kondensationspumpwerk antreibenden Kleinturbine oder einer Dampfstrahlluftpumpe arbeiten, falls die Kondensation zur Aufrechterhaltung der Luftleere mit einem solchen Dampfstrahler ausgerüstet ist.

Natürlich sind zur Bereitung von Heißwasser unter Hinzunahme der Kühlwasserabwärme nur Oberflächenkondensatoren verwendbar, besonders bei dem ölhaltigen Abdampf von Kolbenmaschinen. Abb. 23 zeigt eine Anlage, bei welcher der Abdampf der Hilfsturbine einer Turbinenkondensation zur Weitererwärmung eines Teiles der aus dem Oberflächenkondensator austretenden warmen Kühlwassermenge auf eine für die Bäder einer anliegenden Waschkaue benötigten Heißwassertemperatur von 60—80⁰ herangezogen wird[1]).

Die Turbine der Zentrale arbeitet auf einen Oberflächenkondensator 1, dessen Kondensationspumpwerk durch eine Kleinturbine 2 angetrieben wird. Das benötigte warme Kühlwasser wird hinter dem Kondensator vom Hauptkühlwasserstrom abgezapft und fließt einer Umwälzpumpe 3 zu, welche es durch einen Vorwärmer 4 dem Mischgefäß 7 der Kaue zudrückt. Der Abdampf der Hilfsturbine arbeitet während der Badepause auf den Oberflächenkondensator, beginnt aber die Badeschicht, so wird der Abdampfstrom nunmehr auf den Vorwärmer 4 umgeschaltet, woselbst das Kondensationskühlwasser auf 75⁰ C erhitzt wird. Dieses erhitzte Wasser

---

[1]) Einzelne wichtige Fälle der Ausnutzung der Kühlwasserabwärme s. Kondensatwirtschaft des Verf., Anhang. Verlag R. Oldenbourg, München-Berlin 1927.

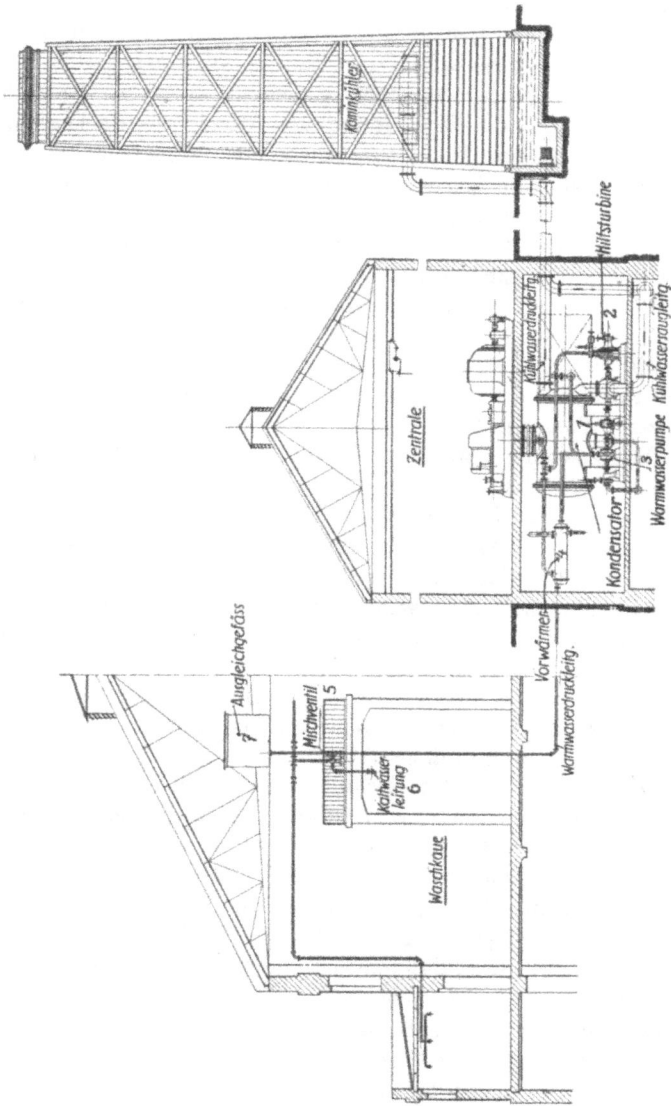

Abb. 23. Schaltung zur Verwertung der Kühlwasserabwärme von Kondensationsanlagen zur Bereitung von Warmwasser unter Verwendung von Abdampf zur Nacherwärmung.

trifft im Mischventil *5* mit dem kalten Wasser der Leitung *6* zusammen und wird hier vom Kauenwärter durch Hebeleinstellung auf die gewünschte Brausentemperatur gebracht.

Der unter 2b Abb. 24 Grundschaltung 4 gekennzeichnete Fall wird oft zur Anwendung gelangen können. Handelt es sich z. B. um die Erwärmung von Wasser in Färbereien, so kann in diesem Falle ein erheblicher Wärmebedarf bei verhältnismäßig niedriger Temperatur vorliegen. Das gleiche gilt für Heizungsanlagen. Gerade für letztere ist die Abdampfverwertung bei Kondensation oft außerordentlich geeignet, und zwar dann, wenn die Abwärme des unter Vakuum stehenden Dampfes an das Heizwasser einer Warmwasserheizung übertragen wird.

Mit 80 v. H. Vakuum hat der Dampf immer noch eine Temperatur von 59,7°, so daß es möglich ist, sogar bei 80 v. H. Luftleere Wasser auf 52—55° zu erwärmen.

Ein Vakuum von 80 v. H. ist nun bei Kolbendampfmaschinen die höchst ausnutzbare Luftleere, weil oberhalb dieser Grenze der Dampfverbrauch derselben sich nicht mehr nennenswert verbessert. Werden höhere Temperaturen notwendig, so muß das Vakuum verringert werden, damit die Dampftemperatur steigt, was allerdings mit einer Steigerung des Dampfverbrauches verbunden ist; oder man muß einen Teil der Kühlwassermenge abzweigen und in einem Boiler oder Vorwärmer hochheizen (n. Abb. 22), wenn ein Teil des Heißwassers auf höherer Temperaturstufe geliefert werden muß.

Die Berechnung muß ergeben inwieweit eine Verbesserung der Wirtschaftlichkeit der Gesamtanlage durch eine Vakuumverschlechterung erzielt werden kann. Die bei weitem größere Zahl der Tage einer Heizperiode weist in fast ganz Deutschland eine Temperatur von +5° und mehr auf. Daraus ergibt sich ein Heizbedürfnis für ungefähr 240 Tage im Jahr. Es wird aber nur an wenigen Tagen der Wärmebedarf für Raumheizungen so groß sein, daß ein Wärmeträger auf einer Temperaturstufe von 50—60° nicht mehr verwendbar wäre; es ist allerdings bei der Größenbemessung der Heizkörper auf die niedrige Temperatur des Wärmeträgers Rücksicht zu nehmen.

Temperaturen von 50—60° können nun nach dem oben Gesagten durch Maschinenabdampf unter Beibehaltung des

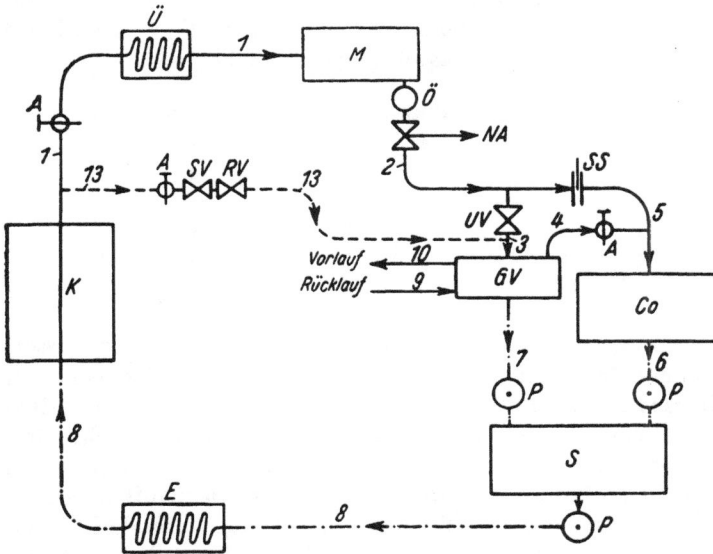

Erklärung der Schaltung. Der Dampf tritt durch die Frischdampfleitung *1* von der Kesselanlage *K* in die Kolbenmaschine *M*. Zwischen der Maschine und dem Kondensator *Co* ist ein Gegenstromvorwärmer *GV* eingeschaltet, welcher das Rücklaufwasser der Warmwasserheizung mit Hilfe des Maschinenabdampfes auf die Vorlauftemperatur erwärmt. Der Rest des Abdampfes geht durch die Leitung *4* und *5* zum Kondensator *Co*. Soll schwach oder gar nicht geheizt werden, so strömt der Abdampf der Maschine teilweise oder ganz unmittelbar zum Kondensator *Co*. Das Dampfkondensat wird in einem Speisewasserbehälter *S* gesammelt und durch eine Speisepumpe *P* wieder der Kesselanlage *K* zugedrückt. Für das Anheizen ist eine direkte Verbindung *13* zwischen Kessel und Gegenstromvorwärmer mit den notwendigen Umschalt- und Absperrorganen und den Ventilen vorgesehen. Der Vorwärmer *GV* wird in diesem Falle mit gedrosseltem Frischdampf beheizt.

Abb. 24. Grundschaltung 4.

Die Grundschaltung zur Erzeugung von Heißwasser mit Vakuumdampf.

Kondensationsbetriebes mit Hilfe von Dampf-Warmwasserkesseln oder sogenannten Gegenstromapparaten erreicht werden, da die Dampftemperaturen, bezogen auf die verschiedenen Luftleeren, im Kondensator folgende sind:

90 v. H. Vakuum   45,4⁰ Dampftemperatur
85   »   »   53,6⁰   »
80   »   »   59,7⁰   »
75   »   »   64,6⁰   »
70   »   »   68,7⁰   »
60   »   »   75,4⁰   »
50   »   »   80,9⁰   »

Abb. 24 zeigt die Grundschaltung einer Warmwasser-Vakuumdampfheizung. Sie besteht aus einem oder mehreren Gegenstromapparaten, welche zwischen Maschine und Kondensator eingeschaltet werden. Der Vakuumdampf durchströmt demnach zuerst die Gegenstromapparate und erwärmt dabei das Umlaufwasser der Heizung von der Rücklauftemperatur auf die des Vorlaufes. Diese Art der Anlage kann den Vorteil für sich in Anspruch nehmen, daß sie sich jedem Wärmeverbrauch vom reinen Kondensationsbetrieb bis zum Auspuffbetrieb anpassen kann, wobei mit zunehmender Wärmeentziehung der Kühlwasserverbrauch des Kondensators zurückgeht.

Am günstigsten arbeiten diese Vakuumdampf-Warmwasserheizungen zwischen Temperaturen von 45—70⁰. Die Warmwassertemperatur wird durch Erhöhung des Gegendrucks auf die Maschine geregelt, in dem der Dampf vor dem Kondensator durch einen Schieber gestaut oder die Kühlwassermenge verringert wird. Durch ein Anstauen des Gegendrucks mit Hilfe des Stauschiebers SS in Abb. 24 steigt der Gegendruck sofort an. Bei dem zweiten Wege der Vakuumverschlechterung durch Verringerung der Kühlwassermenge ist aber Vorsicht geboten, da bei einer zu starken Wasserverringerung die Kühlwasserpumpe zu schlagen anfängt.

Die Ersparnisse, welche mit derartigen Vakuum-Warmwasserheizungen zu erzielen sind, werden am besten wieder an Hand eines Rechnungsbeispieles geklärt:

Ein mehrstöckiges Fabrikgebäude soll mit einer Warm-wasser-Vakuumdampfheizung beheizt werden. Es steht der Dampf einer liegenden Kolben-Kondensationsmaschine von 400 PS_e Normalleistung zur Verfügung, wovon 70 v. H. als Dauerbeanspruchung der Berechnung zugrunde gelegt werden können. Der Dampfdruck vor der Maschine sei 12 ata, die Überhitzung betrage 300°, das Vakuum bei reinem Konden-sationsbetrieb sei 0,1 ata. Der Dampfverbrauch der Maschine betrage 5,6 kg/PS_e.

Die nach Abschnitt II anzustellenden Ermittlungen des Wärmebedarfs bei den verschiedenen Außentemperaturen habe folgendes Ergebnis gehabt, und zwar während des Beharrungs-zustandes:

Innentemperatur mit $+ 20°$ C angenommen.

Bei								
— 20°	.	.	.	.	.	650000	kcal/h	
— 15°	.	.	.	.	.	570000	»	
— 10°	.	.	.	.	.	490000	»	
— 5°	.	.	.	.	.	410000	»	
± 0°	.	.	.	.	.	330000	»	
+ 5°	.	.	.	.	.	250000	»	
+ 10°	.	.	.	.	.	170000	»	
+ 15°	.	.	.	.	.	90000	»	

Zur Anheizung werden 780000 kcal benötigt.

Aus der *IS*-Tafel (s. Bd. I Tafel 1 im Anhang) ergibt sich ein adiabatisches Wärmegefälle:

$\lambda_{th} =$ von 12 ata, $t_{ii} = 300°$ - --- → 0,1 ata = 190 kcal/kg.

Der theoretische Dampfverbrauch ist somit:

$$D_{th} = \frac{632,5}{\lambda_{th}} = \frac{632,5}{190} \cong 3,33 \text{ kg/PS}_1.$$

Der thermodynamische Wirkungsgrad der Maschine ergibt sich somit zu:

$$\eta_e = \frac{3,33}{5,6} = 0,594.$$

Dem Kondensatordruck von 0,1 ata = einem Vakuum von 90 v. H. entspricht eine Dampftemperatur von $\sim 45,4°$. Diese Temperatur wird zumeist nicht ausreichen, um das

Umlaufwasser der Heizung genügend anzuwärmen. Infolgedessen muß das Vakuum herabgesetzt werden, und zwar in
einer Weise, wie die Zahlentafel 1 zeigt.

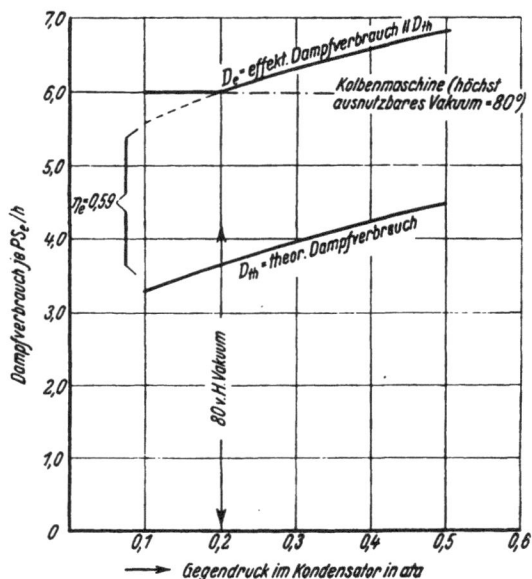

Abb. 25. Ermittlung des effektiven Dampfverbrauches D_e aus dem theoretischen D_{th} bei einer
Kolbenmaschine in Abhängigkeit vom Gegendruck.

Mit der Verschlechterung der Luftleere geht eine Erhöhung des Dampfverbrauches Hand in Hand. Derselbe kann
wie folgt angenähert bestimmt werden: Betrachtet man den
Verlauf des Dampfverbrauchs von Kolbendampfmaschinen
an Hand von Diagrammen für steigenden Gegendruck, so
findet man, daß die Zunahme desselben angenähert derjenigen
der verlustlosen Maschine bei Vakuumabnahme entspricht.
Oberhalb einer Luftleere von 80 v. H. — entsprechend einem
Kondensatordruck von 0,2 ata — verbessert sich aber der
Dampfverbrauch von Kolbenmaschinen — wie schon erwähnt —
nicht mehr. Auf Grund dieser Erkenntnisse kann man also
durch eine Parallele zu dem theoretischen Dampfverbrauche
von 0,2 ata Kondensatorspannung an, den Dampfverbrauch

der ausgeführten Maschine genügend genau ermitteln (s. Abb. 25).
Von 0—0,2 ata verläuft in der Abb. 25 die Kurve des effektiven
Dampfverbrauches parallel zur Abszissenachse. Die sich auf
diese Weise ergebenden Dampfverbrauchsziffern der ausge-
führten Maschine mit schlechter werdender Luftleere im
Kondensator sind in Zahlentafel 1 ebenfalls eingetragen.

Zahlentafel 1.

Anfangszustand des Dampfes 12 ata; $t_a = 300^{\circ}$.

Konden-satordruck in ata	λ_{th}	D_{th} in kg/PSt	D_e in kg/PS$_e$ bei $\eta_e = 0,59$ (aus Abb. 25)
0,10	190	3,33	5,8
0,15	182	3,47	5,8
0,20	172	3,67	5,8
0,30	160	3,95	6,3
0,40	149	4,24	6,55
0,50	141	4,48	6,8

Beim Aufheizen auf eine Raum-Innentemperatur von
+ 20° sind 780 000 kcal notwendig. Ist die Vorlauftemperatur
= 90° und die des Rücklaufes = 70°, so ist die mittlere Wassertemperatur:

$$t_m = \frac{90 + 70}{2} = 80^{\circ}.$$

Die Aufheizung muß mit Frischdampf geschehen, da hierfür der Maschinenbetrieb nicht in Betracht kommen kann.
Der mittlere Temperaturunterschied zwischen Heizwasser und
innerer Raumtemperatur von $t_i = + 20^{\circ}$ ist:

$$\Delta_m = \frac{90 + 70}{2} - 20 = 60^{\circ}.$$

Der Wärmebedarf ist gleich $Q = 780\,000$ kcal. Somit
ist eine Gesamtheizfläche

$$F = \frac{Q}{k \cdot \Delta_m}$$

notwendig, worin die Wärmedurchgangszahl k für Radiatoren
nach Zahlentafel 24 Band I = 6,5 gesetzt werden kann. Somit wird:

$$F = \frac{780\,000}{6,5 \cdot 60} = 2000 \text{ m}^2.$$

Die stündliche Umlaufwassermenge W ist bei einem Temperaturabfall von $t_1 - t_2 = 90 - 70 = 20^0$:

$$W = \frac{Q}{t_1 - t_2} = \frac{780\,000}{20} = 39\,000 \text{ kg/h}.$$

Bei einer Außentemperatur von -20^0 und im Beharrungszustande werden laut Aufstellung (S. 57) $Q_1 = 650\,000$ kcal/h benötigt. Die erforderliche mittlere Wassertemperatur $t_m = \frac{t_1 + t_2}{2}$ berechnet sich dann aus der Beziehung:

$$Q_1 = k \cdot F \left(\frac{t_1 + t_2}{2} - 20 \right),$$
$$650\,000 = 6,5 \cdot 2000 \, (t_m - 20),$$
$$t_m = 70^0.$$

Bei einem Wärmebedarf von 650 000 kcal/h ist das Temperaturgefälle:

$$t_1 - t_2 = \frac{Q_1}{W} = \frac{650\,000}{39\,000} \cong 16,6^0,$$

somit ist die Temperatur t_1 im Vorlaufe $= 68,3 + \frac{t_1 - t_2}{2}$,

$$= 68,3 + 8,3 = 76,6^0$$

und im Rücklaufe . . . . $= 68,3 - 8,3 = 60^0$.

In gleicher Weise werden die Vor- und Rücklauftemperaturen bei den anderen Wärmebedarfszahlen der Aufstellung ermittelt.

In der folgenden Zahlentafel 2 sind nun alle Werte zusammengestellt, welche sich für die Vor- und Rücklauftemperaturen bei den verschiedenen Außentemperaturen ergeben, wenn die Temperatur der Innenräume auf $+20^0$ gehalten werden soll.

In der Zahlentafel 3 sind daran anschließend alle Werte zusammengestellt, welche notwendig sind um die zur jeweiligen Außentemperatur gehörenden Vakua zu ermitteln und im Zusammenhang damit den Dampfverbrauch der Maschine angenähert festzustellen, wenn eine Innentemperatur von $t_i = +20^0$ gehalten werden soll.

Zahlentafel 2.

Innentemperatur $t_i = 20^0$.

Außen-temperatur	Wärmebedarf Q in kcal/h	Temperatur-gefälle $t_1 - t_2$	Vorlauf-temperatur t_1	Rücklauf-temperatur t_2
$- 20^0$	650 000	16,6⁰	76,6⁰	60⁰
$- 15^0$	570 000	14,7⁰	72,5⁰	56,8⁰
$- 10^0$	490 000	13,0⁰	66,5⁰	53,5⁰
$- 5^0$	410 000	10,5⁰	56,7⁰	46,0⁰
$\pm 0^0$	330 000	8,5⁰	50,3⁰	41,7⁰
$+ 5^0$	250 000	6,4⁰	45,5⁰	31,8⁰
$+ 10^0$	170 000	4,4⁰	34,2⁰	30,0⁰
$+ 15^0$	90 000	2,0⁰	28,0⁰	26,0⁰

Aus der Zahlentafel 3 ist zu ersehen, daß bei $+ 15^0$ Außentemperatur nur noch eine mittlere Wassertemperatur von 27^0 bei 2^0 Temperaturunterschied nach der Berechnung erforderlich wäre. In der Praxis wird man in diesem Falle den Betrieb der Heizungsanlage zeitweise unterbrechen oder in dem Falle ganz einstellen, wenn schon durch Menschen oder Maschinen erfahrungsgemäß soviel Wärme abgegeben wird, daß ein Heizbetrieb hierdurch entbehrt werden kann. Bei einer Außentemperatur von $\pm 0^0$ ist eine mittlere Wassertemperatur von $45,5^0$ und eine Vorlauftemperatur von $50,5^0$ erforderlich.

Zahlentafel 3.

Zusammenstellung der Rechnungsergebnisse
(abgerundete Zahlen).

Außen-temperatur	Wärmebedarf Q in kcal/h	Mittlere Wassertemp. t_m	Temperatur-gefälle $t_1 - t_2$	Vorlauf-temperatur t_1	Rücklauf-temperatur t_2	erforderliche Dampf-temperatur	einzuhaltender Kondensator-druck	Dampf-verbrauch D_e der Maschine aus Abb. 25
$- 20^0$	650 000	65,0⁰	16,5⁰	76,5⁰	60,0⁰	80⁰	0,48	6,75
$- 15^0$	570 000	60,0⁰	14,5⁰	72,5⁰	56,5⁰	75⁰	0,39	6,55
$- 10^0$	490 000	53,0⁰	13,0⁰	66,5⁰	53,5⁰	70⁰	0,32	6,4
$- 5^0$	410 000	42,0⁰	10,5⁰	56,5⁰	46,0⁰	59⁰	0,20/80⁰/₀	6,0
$\pm 0^0$	330 000	45,5⁰	8,5⁰	50,5⁰	41,5⁰	52⁰	0,14	6,0
$+ 5^0$	250 000	48,5⁰	6,5⁰	45,5⁰	32,0⁰	48⁰	0,11	6,0
$+ 10^0$	170 000	36,5⁰	4,5⁰	34,0⁰	30,0⁰	37⁰	0,07	6,0
$+ 15^0$	90 000	27,0⁰	2,0⁰	28,0⁰	26,0⁰	30⁰	0.04	6,0

Zur Vornahme der Wirtschaftlichkeitsberechnung kann eine mittlere Jahrestemperatur von $+5°$ zugrunde gelegt werden[1]).

1. Der Wärmebedarf bei einer Temperatur $t_a = +5°$ ist $Q = 250000$ kcal/h. Bei gekuppeltem Betriebe benötigt die Maschine nach Zahlentafel 3 eine Luftleere von 0,11 ata. Der spezifische Dampfverbrauch ist in diesem Falle 5,65 kg/PS$_e$.

Die Maschine benötigt also bei Normalbelastung: $400 \cdot 6,0 = 2400$ kg/h Dampf von 12 ata und $300°$ Überhitzung. Bei getrenntem Betrieb kann die Maschine mit keinem besseren Vakuum arbeiten, weil eine Luftleere über 80 v. H. keine nennenswerte Dampfverbrauchsverminderung mit sich bringt.

2. Bei einer Außentemperatur von $-5°$ kann noch mit einem Vakuum laut Aufstellung 3 von 80 v. H. = 0,2 ata gefahren werden bei Deckung eines Wärmebedarfes von 410000 kcal/h. Die Maschine verbraucht in diesem Falle: $400 \cdot 6 = 2400$ kg/h Dampf von 12 ata mit $300°$ Überhitzung. Bei getrenntem Betriebe muß der Wärmebedarf durch gedrosselten Frischdampf gedeckt werden.

Der Wärmeinhalt von 1 kg Dampf von 12 ata und $300°$ Überhitzung ist (nach Abb. 1 Bd. I) = 730 kcal. Es müssen demnach von der Kesselanlage

$$\text{im Falle } 1 \quad \frac{250000}{730} = 342 \text{ kg/h}$$

$$\text{im Falle } 2 \quad \frac{410000}{730} = 560 \text{ kg/h}$$

---

[1]) Für einige bedeutendere Orte sind im nachstehenden die mittleren Temperaturen für die Monate September bis November, Dezember bis Februar und März bis Mai enthalten:

Ort	Seehöhe in Meter	September bis November	Dezember bis Februar	März bis Mai	Im Mittel während der Heizperiode
Berlin	39	+ 9,7	− 0,4	+ 9,1	+ 6,13
Königsberg. .	15	+ 6,9	− 3,2	+ 5,4	+ 3,03
Leipzig . . .	98	+ 8,1	+ 0,2	+ 7,9	+ 5,40
München. . .	526	+ 9,4	+ 0,2	+ 9,2	+ 6,27
Dresden . . .	110	+ 10,1	+ 1,8	+ 8,8	+ 6,90
Prag	201	+ 10,4	− 0,6	+ 10,7	+ 6,83

Näheres s. Valerius Hüttig, „Heizungs- und Lüftungsanlagen in Fabriken". Leipzig, Verlag von O. Spamer.

Abb. 26. Fernheizzentrale mit Vakuumdampf-Heißwasser-Umlaufheizung für das Hochofenwerk Duisburg-Meiderich, ausgeführt von der Maschinenbau-A.-G. Balcke-Bochum.

geliefert werden, ganz abgesehen davon, daß der Zusatzdampf gedrosselt werden muß und somit in der Kraftmaschine keine Arbeit leistet. Wieviel dies ausmacht läßt sich an Hand des Beispieles auf S. 44 überschlagen. Eine Frischdampfbeheizung verbietet sich also in obigem Rechnungsbeispiel von selbst mit Ausnahme des Anheizens.

Abb. 26 und Abb. 27 veranschaulichen eine nach Grundschaltung 4 Abb. 24 ausgeführte Anlage der Maschinenbau-A.-G. Balcke Bochum für das Hochofenwerk Duisburg-Meiderich. Als Wärmeträger dient Heißwasser von 90°, welches durch ein ausgedehntes Rohrleitungsnetz von etwa 40 km, sämtliche Gebäude dieses großen Hüttenwerkes sowie die Beamtenwohnhäuser mit Wärme versorgt und nach erfolgter Wärmeabgabe durch Abkühlung auf 70° wieder der Zentrale zufließt. Zur Erwärmung des Umlaufwassers dient der Abdampf von Kolbendampfmaschinen und einiger Hilfsmaschinen. Die Erwärmung erfolgt in Gegenstromvorwärmerbatterien (Abb. 26), welche zwischen Niederdruckzylinder und Kondensation eingeschaltet sind. Die Regelung der Wassertemperaturen erfolgt durch Verändern des Vakuums, wodurch nach Vorstehendem eine große Wirtschaftlichkeit im Dampfverbrauch gewährleistet wird. Der Umtrieb des Wassers wird durch elektrisch betriebene Zentrifugalpumpen bewirkt, welche in mehrere Gruppen unterteilt sind, um einerseits unnötige Kraftverluste zu vermeiden und anderseits eine Reserve bei notwendig werdenden Instandsetzungsarbeiten zu schaffen. Ebenso sind die Vorwärmer in entsprechenden Gruppen unterteilt. Die rechts in der Abb. 26 sichtbaren kleinen Vorwärmer dienen zur Bereitung des Badewassers, welches ebenfalls jedem Gebäude gesondert durch Umtriebspumpen zugedrückt wird. Zur Verhinderung von Anfressungen durch korrosive Gase, wie diese bei ähnlichen Anlagen in geradezu verheerender Weise eingetreten sind, wird das Badewasser vor Eintritt in die Verteilungsleitung unter Vakuum entgast[1].

Die Rohrleitungen sind teilweise über Flur an Tragkonstruktionen aufgehängt, teilweise sind sie — besonders

---

[1] Über die Entgasung des Umlaufwassers wird in Band III Abschn. 1 das Notwendige gesagt werden.

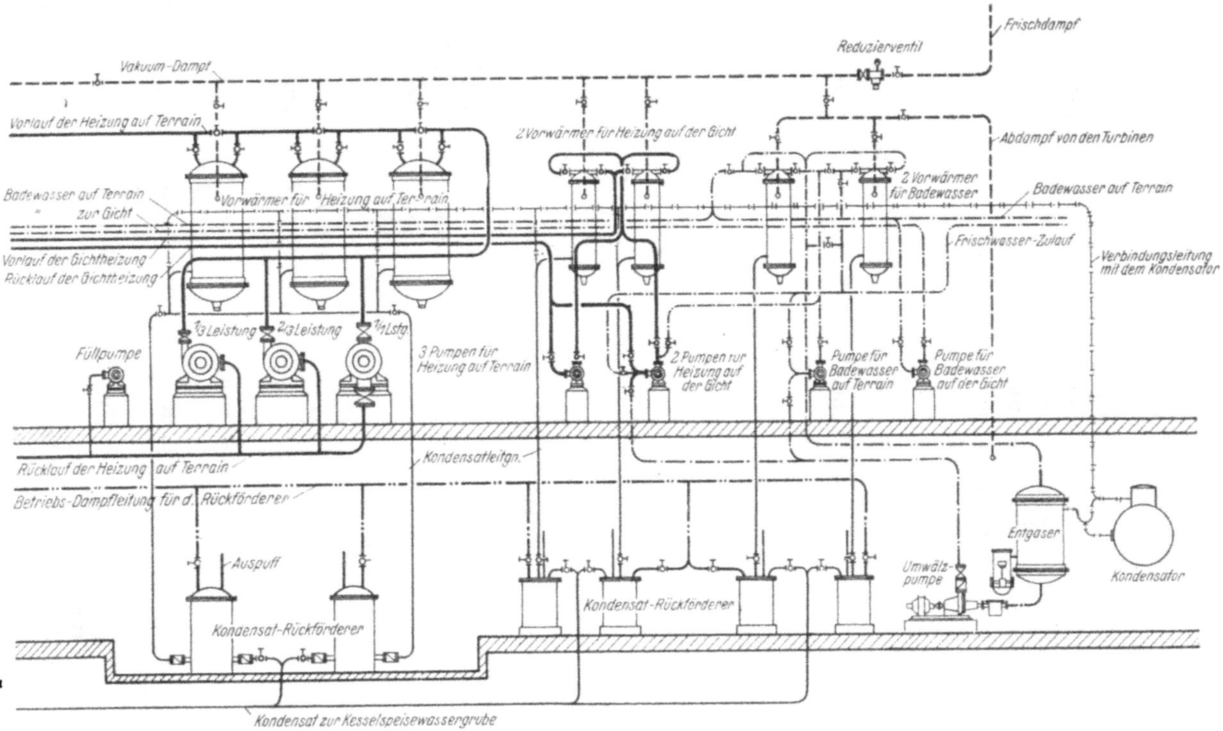

Frischdampf

Reduzierventil

Abdampf von den Turbinen

Badewasser auf Terrain

Verbindungsleitung mit dem Kondensator

Kondensator

Engaser

2 Vorwärmer für Badewasser

Frischwasser-Zulauf

Pumpe für Badewasser auf der Gicht

Pumpe für Badewasser auf Terrain

Umwälz-pumpe

2 Vorwärmer für Heizung auf der Gicht

2 Pumpen zur Heizung auf der Gicht

Kondensat-Rückförderer

Kondensatleitg.

3 Pumpen für Heizung auf Terrain

Vacuum-Dampf

Vorlauf der Heizung auf Terrain

8 Vorwärmer für Heizung auf der Gicht zur Gicht

Vorlauf der Gichtheizung
Rücklauf der Gichtheizung

Badewasser auf Terrain zur Gicht

Füllpumpe

Vorlstg.

Zuleitung

Gesleistung Zuleitung

Rücklauf der Heizung auf Terrain

Betriebs-Dampfleitung für d. Rückförderer

Kondensat-Rückförderer

Auspuff

Kondensat-Rückförderer

Kondensat zur Kesselspeisewassergrube

Abb. 27. Schematische Darstellung der Fernheizung des Hochofenwerkes Duisburg-Meiderich (Abb. 26).

bei Verlegung in Straßen — in Zementrohrkanälen untergebracht.

Bei der vorstehenden Anlage beträgt der Wärmebedarf
für sämtliche Gebäude bei einer Außentemperatur von 0°
11 Millionen kcal/h. Die umgewälzte Heißwassermenge beträgt 500 cbm/h, der Badewasserverbrauch für eine Schicht
(für etwa 2000 Mann) beläuft sich auf 60 cbm.

Abb. 27 zeigt eine schematische Darstellung der Gesamtanlage.

1c. Dampfdruckminderungs- und Verteilerstationen.

Dampfdruckminderungsstationen kommen für zwei Be-
triebsfälle in Frage:

1. In Großbetrieben, bei denen eine Anzahl oft weit auseinander liegender Gebäude von einer Dampfkesselzentrale
aus mit Dampf zu Heizzwecken versorgt wird, kann es vorteil-
haft sein, den Kessel-
dampf mit voller Span-
nung zum Teil in die
Kraftmaschine, zum Teil
in Fernleitungen hinein-
zuschicken, welche zu
den Gebäuden laufen,
weil in diesem Fall die
Rohrleitungen in ihrem
Querschnitt verhältnis-
mäßig eng bemessen und
somit die Wärmeverluste
auf das geringste Maß
beschränkt werden kön-
nen. In den Gebäuden
selbst wird alsdann der
Dampfdruck auf eine
niedere Spannung durch Dampfdruckminderungsorgane gebracht (Abb. 28).

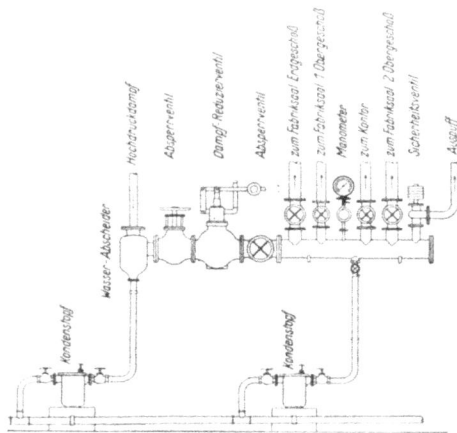

Abb. 28. Dampfdruckminderungsstation.

2. Bei Entnahmemaschinen oder beim Gegendruckbetrieb
(s. Grundschaltungen 1 und 2 Abb. 16 und Abb. 17) werden
Umführungsleitungen vorgesehen, welche vor dem Überhitzer
aus der Kesselanlage abgezapften, hochgespannten Dampf

bis zur Verwerteranlage leiten. Hier wird dann der Hochdruckdampf auf die gewünschte Verbraucherspannung herabgedrosselt. Die Umführung und die Minderungsstation gilt also
im zweiten Falle nur als Notbehelf bei Stillstand der Maschine
oder bei notwendig werdender Zusatzbeheizung (Abb. 29).

Die Frischdampfspannung wird in der Regel auf 3—5 ata
herabgemindert, wenn eine hohe Dampftemperatur, wie z. B.
für Trockenzylinder, Lackieröfen oder sonstige Sonderzwecke
erforderlich ist und auf 1—2 ata für die Beheizung von Räumen,
weil bei höherem Druck die Leitungen sowie auch die Heizkörper und deren Ventile eine besondere sich nicht bezahlt
machende Aufmerksamkeit erfordern, ganz abgesehen davon,
daß hohe Heizflächentemperaturen gesundheitsschädlich sind.
Bei gußeisernen Heizkörpern verbieten sich höhere Spannungen
als 2—3 ata aus Sicherheitsgründen von selbst. Aus diesen
Gründen wird Hochdruckdampf in das zu beheizende Gebäude
oder vor Einströmen in die Verwerteranlage durch ein Dampf-
druckminderungsventil herabgedrosselt. Die Gesamtheit der
hierzu notwendig werdenden Anlage wird als Dampfdruckminderungsstation bezeichnet.

Abb. 28 zeigt die Grundschaltung einer solchen Druckminderungsstation. Der ankommende Hochdruckdampf wird

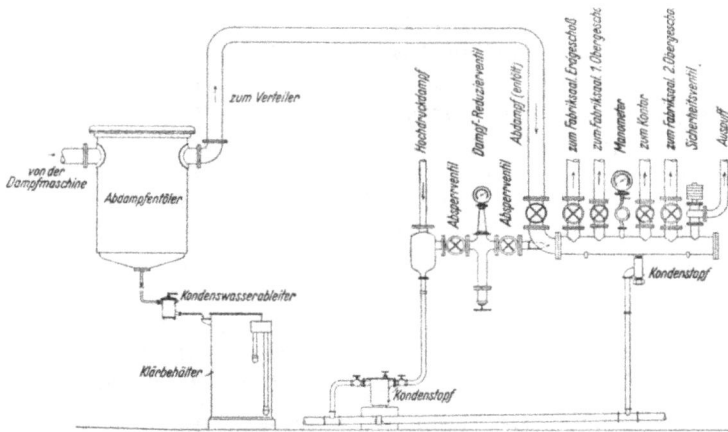

Abb. 29. Anordnung eines Abdampfverteilers mit Frischdampfzusatz (und Abdampfentöler bei Kolbendampfmaschinen).

5*

zunächst durch einen Wasserabscheider entwässert, welcher mit einem Kondenstopf in Verbindung steht[1]). Zwischen Wasserabscheider und Minderungsorgan muß ein Absperrventil eingebaut werden[2]).

Für eine Entwässerung der Dampfzuführungsleitung muß unter allen Umständen Sorge getragen werden, weil sich sonst bei geschlossenen Ventilen das in der Zuführungsleitung entstehende Kondensat ansammelt. Diese Ansammlungen führen beim Öffnen des Ventils zu Wasserschlägen, welche die Zerstörung des Leitungsstranges oder des Drosselorganes zur Folge haben können.

Hinter dem Druckminderungsventil muß ein zweites Absperrorgan eingebaut werden, um bei Versagen des Drosselorgans den Dampfdruck auf die Spannung, welche in der Heizungsanlage herrschen soll, von Hand aus herabdrosseln zu können. Das Druckminderungsorgan kann in diesem Falle durch ein entsprechendes Paßstück ersetzt und wieder in Stand gebracht werden.

Bei Abdrosselung hohen Dampfdruckes müssen zwei Druckminderungsorgane hintereinander geschaltet werden, um den Hochdruck in zwei Stufen auf den gewünschten Minderdruck herabzudrosseln. Durch diese Maßnahme wird ein ruhigeres Arbeiten der Ventile bei schwankendem Dampfdruck und Dampfentnahme ermöglicht.

Hinter dem zweiten Absperrorgan schließt sich dann der Dampfverteiler an, von dem die einzelnen Dampfleitungen für die Unterabteilungen der Heizanlage ihrerseits abzweigen (Abb. 29).

Der Dampfverteiler stellt einen aus Gußeisen oder Schmiedeeisen hergestellten Hohlzylinder dar, welcher mit der erforderlichen Anzahl von Abzweigstutzen versehen ist. Auf diesen Stutzen werden die Absperrorgane zur Bedienung der einzelnen Unterabteilungen der Heizungsanlage angebracht. Der Dampfverteiler muß im übrigen mit einem Manometer versehen werden, welches den Minderdruck anzeigt. Außerdem ist ein Sicherheitsventil auf der Minderdruckseite einzubauen, welches Dampf abbläst, sowie der zulässige Höchstdruck im

---

[1]) Über Kondenstöpfe s. Abwärmetechnik Band I, S. 263 u. f.
[2]) Über Druckminderungsorgane und Wasserabscheider s. Abwärmetechnik Band I, S. 250 u. f. bezw. 277 u. f.

Verteiler durch Versagen des Druckminderungsapparates oder
bei Drosselung der Absperrventile von Hand überschritten wird.

Abb. 29 zeigt die Grundschaltung eines Abdampfverteilers
mit Frischdampfzusatz und Abdampfentöler. Diese Schaltung
versteht sich nach dem Vorhergesagten von selbst. Abb. 30
und Abb. 31 zeigen einen Heißwasserverteiler für eine Warm-
wasserumlaufheizung und Badewasserbereitung im Schema
und in der Ausführung der Firma Schaffstaedt in Gießen.

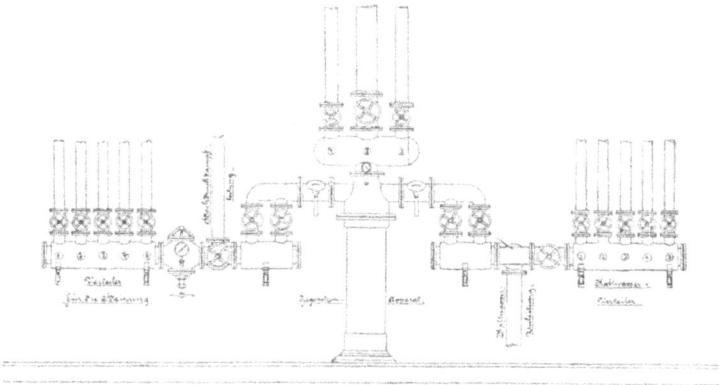

Abb. 30 und 31. Warmwasserbereitungs- und Verteilerstation in Entwurf und
Ausführung für das Stadtbauamt Gießen, geliefert von der Firma Schaffstaedt
in Gießen.

2. Schaltungen für Verbrennungskraftmaschinen.

a) Für Dieselmotore.

In der Ausnutzung des ihm zugeführten Brennstoffes ist der Dieselmotor der Dampfkraftmaschine überlegen, weil er mit einem wesentlich höheren thermischen Wirkungsgrad arbeitet. Eine Kolbendampfmaschine benötigt etwa 3500—5000 kcal/PS_e, ein Dieselmotor dagegen nur 1800—2500 kcal/PS_e.

Bei der Wahl zwischen Dampfmaschine und Verbrennungsmotor ist aber obige Erwägung durchaus nicht ausschlaggebend. Für den Verbrennungsmotor spricht allgemein neben dem geringeren Brennstoffverbrauch das wesentlich kleinere Anschaffungskapital durch Fortfall der Dampfkesselanlage, des Leitungsnetzes und der Baulichkeiten. Gegen den Verbrennungsmotor aber spricht der höhere Brennstoffpreis und die Unmöglichkeit der Überlastung. Es kann also das fachmännische Urteil sehr verschiedenartig ausfallen, je nach der Lage der jeweiligen Verhältnisse. Das Bild verschiebt sich aber von vornherein sehr oft zugunsten der Dampfmaschine, wenn eine günstige Ausnutzungsmöglichkeit der Abwärme vorliegt, wo also während des ganzen Jahres ein Bedarf von größeren Wärmemengen für Heiz-, Trocken- oder ähnliche Zwecke besteht.

Aus dem Wärmeverbrauch je PS_e ergibt sich unmittelbar, daß die anfallende Abwärmemenge — wie überhaupt bei Verbrennungsmotoren — wesentlich geringer ist wie bei

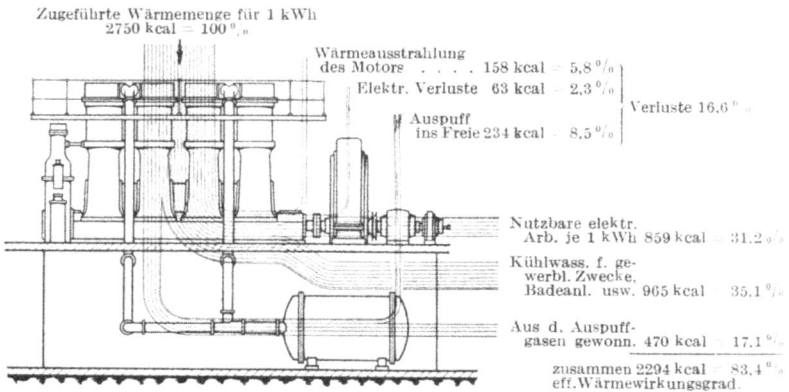

Abb. 32. Wärmeverteilung in einer MAN-Dieselmotorenanlage mit Abwärmeverwerter bezogen auf 1 kWh.

Dampfmaschinen. Die Abwärme findet sich teils im Kühlwasser, teils in den Abgasen, während der Rest durch Strahlung
und Leitung verloren geht. Die Abwärmeverwertung kann
sich also auf die im ablaufenden Kühlwasser oder auf die mit
den Abgasen fortgehende Wärme oder auf beide zusammen
erstrecken.

Abb. 32 zeigt das Wärmeflußdiagramm einer MAN-Dieselmotorenanlage mit Abwärmeverwerter. Die Zahlen beziehen
sich auf 1 kWh und sind in der Zahlentafel 4 zusammengestellt.

Zahlentafel 4.

Wärmebilanz einer MAN-Dieselmotorenanlage.

Die zugeführte Wärmemenge für 1 kWh ist: 2750 kcal = 100 v.H.

	1. Nutzbare elektrische Energie . . .	859 kcal	= 31,2 v.H.
	2. Verwertbare Kühlwasserabwärme .	965 »	= 35,1 »
	3. » Abwärme i. d. Auspuffgasen	470 »	= 17,1 »
Verluste {	4. Ausstrahlung des Motors	158 »	= 5,8 »
	5. Elektrische Verluste	63 »	= 2,3 »
	6. Auspuff ins Freie	234 »	= 8,5 »

Insgesamt 2750 kcal = 100 v.H.

Aus dieser Aufstellung ergibt sich ein effektiver Wärmewirkungsgrad von 83,4 v. H.

Inwieweit die im Kühlwasser und in den Auspuffgasen
abgeführte Wärme ausnutzbar ist, richtet sich in jedem Einzelfall nach der beiden zugehörigen Temperatur. Diese ist wieder
abhängig von der Menge des Kühlwassers, dem Luftüberschuß
mit dem die Verbrennung vor sich geht und den Wärmeverlusten der Maschine.

Abb. 33 bis Abb. 36 zeigen in schematischer Weise die
Ausnutzungsmöglichkeiten der Abwärme bei Dieselmotoren.

Alle Betriebe mit Dieselmotoren, welche Verwendung für
die aus den Motoren gewinnbaren Abwärmemengen haben,
können die Wirtschaftlichkeit ihrer Kraftanlagen durch den
Einbau von Abwärmeverwertern wesentlich heben. Hierzu
zählen namentlich Elektrizitätswerke, deren Abwärme zum
Betrieb einer Fernheizanlage oder eines Bades verwendet
werden kann, ferner chemische Fabriken, Betriebe der Nah-
rungsmittel-, Spinn- und Webindustrie, Färbereien, Wäsche-

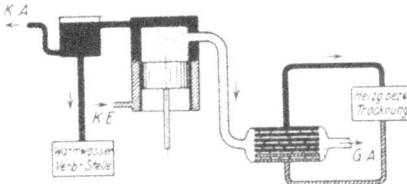 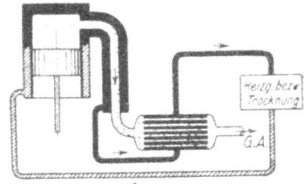

Abb. 33.   Abb. 34.

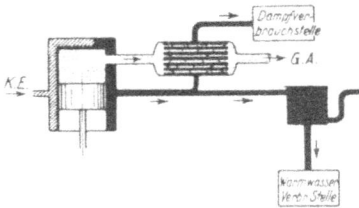 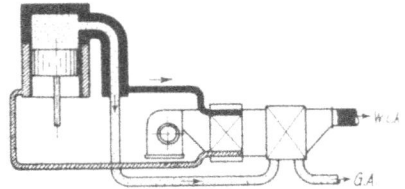

Abb. 35.   Abb. 36.

Erklärung der Abbildungen:

Zu Abb. 33. Die Motorabgase erwärmen das umlaufende Wasser einer Heizung bzw. Trockenanlage. Das Zylinderkühlwasser wird für Bade- oder Waschzwecke verwendet.

Zu Abb. 34. Das Zylinderkühlwasser von 84° wird durch die Auspuffgase auf 90° erwärmt. Die Wärme wird in Heiz- oder Trockenapparaten bis auf 70° ausgenutzt. Das Kühlwasser tritt mit dieser Temperatur wieder in den Kühlmantel des Zylinders ein.

Zu Abb. 35. Durch die Auspuffgase wird aus einem Teil des Zylinderkühlwassers Dampf erzeugt. Der Rest des Kühlwassers kann für Bade- oder Waschzwecke verwendet werden.

Zu Abb. 36. Mit den Abgasen und dem Kühlwasser wird Luft erwärmt, die für Heiz- oder Trockenzwecke verwendet wird.

Abb. 33—36. Schematische Darstellung der Verwertungsmöglichkeiten der Abwärme von Verbrennungskraftmaschinen (insbesondere für Dieselmaschinen).

reien, Brauereien, landwirtschaftliche Großbetriebe, Geschäftshäuser, Hotels und Warenhäuser. Entsprechend dem mannigfaltigen Wärme- und Kraftbedarf solcher Betriebe kann die Abwärme auf verschiedene Weise verwertet werden:

1. Zur Erzeugung von Dampf.

a) Von Niederdruckdampf bis 1,5 ata. Die Aufstellung solcher Anlagen unterliegt nicht den Bestimmungen des Dampfkesselgesetzes und bedarf keiner polizeilichen Genehmigung und amtlichen Überwachung.

b) Von Dampf von 1,5—7 ata, zweckmäßig und wirtschaftlich nur bei Dieselmotoren von 500 PS_e aufwärts. Die Aufstellung der Abhitzekessel kann nur in besonderen Kesselhäusern nach den Bestimmungen des Dampfkesselgesetzes erfolgen. Verwendungsmöglichkeit des Dampfes für Heizung, Trocknen, Kochen und Dämpfen oder für chemische Zwecke. Hinzu kommt noch die Dampferzeugung zur Kraftgewinnung.

2. Zur Erzeugung von Heißwasser.

a) Ohne besondere Einrichtungen: Verwendung des zur Motorkühlung gebrauchten und nicht verunreinigten Wassers mit einer Temperatur von 40—60° für Wäschereien, Färbereien, Bäder und andere gewerbliche Zwecke.

b) Weitere Erwärmung des Kühlwassers durch die Auspuffgase und Verwendung für die oben angegebenen Zwecke. Abgasverwertung zur Vorwärmung von Kesselspeisewasser oder von Gebrauchswasser für Fabrikationszwecke.

c) Erwärmung von Frischwasser mit der Abwärme der Auspuffgase.

d) Wiedererwärmung des Umlaufwassers von Warmwasser-Pumpenheizungen für Nah- und Fernheizzwecke in den Kühlräumen des Dieselmotors und durch einen in die Auspuffleitung eingebauten Wasseranwärmer. Betrieb des Dieselmotors und der Warmwasserheizung mit Umlaufwasser innerhalb der Temperaturgrenzen von 55—75°.

3. Zur Lufterwärmung.

a) Durch einen in die Auspuffleitung eingebauten Lufterhitzer.

b) In der gleichen Weise, jedoch unter Ausnutzung der. Kühlwasserabwärme eines mit diesem Warmwasser betriebenen Lufterwärmers für Luftheizungen und Trockenanlagen.

Die folgenden drei Grundschaltungen Abb. 37—39 zeigen das Grundsätzliche des Zusammenbaus von Abwärmeverwertungsanlagen für Verbrennungskraftmaschinen überhaupt, und zwar zeigt:

Abb. 37 das Schaltungsschema für Abhitzekessel zur Erzeugung von Dampf. (Grundschaltung 5.)

Abb. 38 das Schaltungsschema für Abhitzekessel zur Erzeugung von Heißwasser. (Grundschaltung 6.)

Abb. 39 das Schaltungsschema für Abgaslufterhitzer zur Erzeugung von Heißluft. (Grundschaltung 7.)

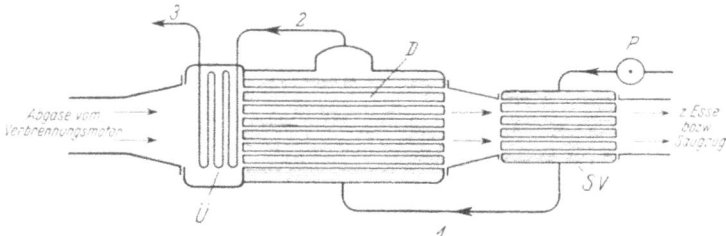

Erklärung der Schaltung. Die den Verbrennungsmotor verlassenden Abgase durchstreichen nacheinander den Überhitzer $Ü$, die Rohre des Dampfkessels D, den Speisewasservorwärmer SV, und gehen alsdann zur Esse. Das im Kessel zu verdampfende Speisewasser wird von der Pumpe P durch den Vorwärmer SV weiter durch die Leitung 1 in den Dampfkessel D gedrückt und hier verdampft. Der erzeugte Kesseldampf tritt durch die Leitung 2 in die Rohre des Überhitzers $Ü$, wird hier getrocknet (durch Nachverdampfung) und überhitzt, um alsdann durch die Leitung 3 der Verbraucherstelle zugedrückt zu werden.

Abb. 37. Grundschaltung 5.

Die Grundschaltung von Abwärmeverwertungsanlagen zur Erzeugung von Heißdampf hinter Verbrennungskraftmaschinen.

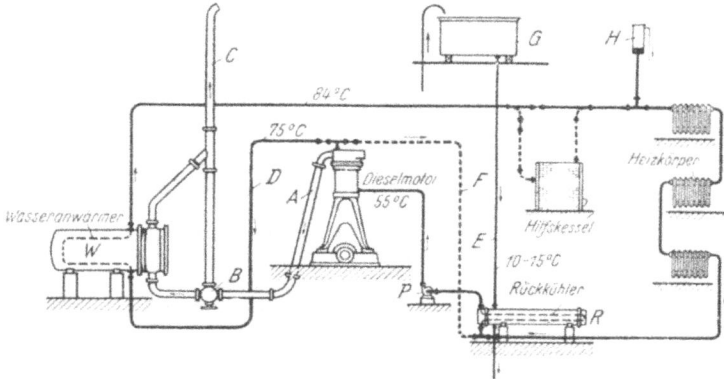

Erklärung der Schaltung. Das heiße Kühlwasser kommt mit einer Temperatur von 75° aus dem Kühlwasserraum des Dieselmotors und durchströmt den Wasseranwärmer, in welchem es durch die Auspuffgase des Motors auf eine Temperatur von etwa 85° erwärmt werden kann. Dann wird es den Heizkörpern zugeführt, wo das Kühlwasser seine aufgenommene Wärme wieder abgibt und durch eine Umwälzpumpe P in den Motor zurückgefördert wird. Ist keine Heizung notwendig, so wird der Wasseranwärmer W abgeschaltet. Das Motorkühlwasser wird dann durch eine besondere Leitung F dem Rückkühler R zugeführt; die Auspuffgase gehen in diesem Falle vom Motor aus unmittelbar ins Freie.

In der Schaltung bedeuten im einzelnen:

A — Auspuffleitung,　　　　　F — Kühlwasserumführungsleitung,
B — Umstellventil,　　　　　G — Wasserbehälter,
C — Auspuffleitung ins Freie,　H — Ausdehnungsgefäß,
D — Heißwasservorlauf,　　　P — Umwälzpumpe,
E — Frischwasserzulauf,　　　R — Rückkühler,
　　　　　　　　　　　　　W — Wasseranwärmer.

Abb. 38. Grundschaltung 6.

Die Grundschaltung von Abwärmeverwertungsanlagen zur Wassererwärmung für Pumpenheizungen hinter Verbrennungskraftmaschinen.

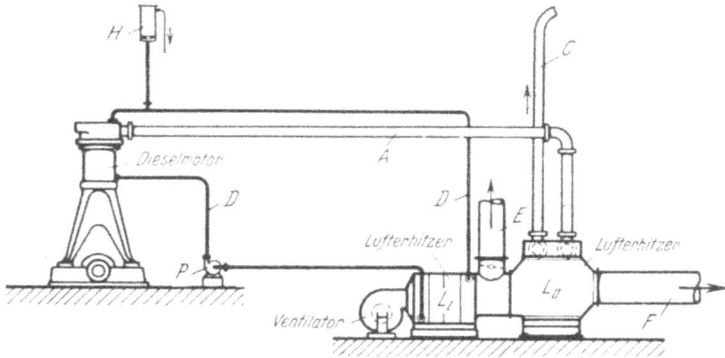

Erklärung der Schaltung. Das Kühlwasser wird vom
Motor dem Lufterhitzer L zugeführt, wo es einen Teil seines Wärmeinhaltes an Frischluft abgibt, welche von einem Ventilator durch
den Erhitzer hindurchgedrückt wird. Die Luft verläßt die mit
Kühlwasser beheizte erste Stufe L_I mit einer Temperatur von 60°
und wird in einer unmittelbar dahinter geschalteten zweiten Stufe
L_{II} durch die Auspuffgase des Motors weiter auf 85° erhitzt. Ist
keine Heißluft notwendig, so gibt das Kühlwasser seine Wärme an
die durch die erste Stufe L_I und durch die Leitung E ins Freie
strömende Luft ab. In diesem Falle ist also die erste Stufe ein
Rückkühler, welcher lediglich das heiße Kühlwasser auf die Eintrittstemperatur zurückzukühlen hat.

In der Schaltung bedeuten im einzelnen:

A — Auspuffleitung,
C — Auspuffleitung ins Freie,
D — Kühlwasser, Vor und
Rücklauf,
E — Luftleitung ins Freie (bei
abgeschalteter Lufterhit-
zung),

F — Heißluftleitung, zur Verbraucherstelle,
H — Ausdehnungsgefäß,
L_I u. L_{II} — Lufterhitzer.
P — Kühlwasserumwälzpumpe,

Abb. 39. Grundschaltung 7.

Die Grundschaltung von Abwärmeverwertungsanlagen zur
Lufterhitzung hinter Verbrennungskraftmaschinen.

Der durch die Abwärmeverwertung erreichbare Gewinn schwankt je nach der Verwendungsmöglichkeit der verfügbaren Abwärme und den jeweiligen örtlichen Verhältnissen. Er ist insbesondere abhängig von der Leistung der Anlage, dem Wärmepreis, der Benutzungsdauer und der Belastung. Der Gewinn kann bei vollständiger Abwärmeverwertung bis zu 25 v. H. der Betriebsstoffkosten erreichen. Der erreichbare Höchstwert der Gesamtwärmeausnutzung, welcher bei Betrieben mit großem Heißwasserbedarf wie Brauereien, Färbereien u. dgl. vorkommt, beläuft sich auf etwa 84 v. H. des Heizwertes des der Maschine zugeführten Brennstoffes.

Welche Ersparnisse sich auf diese Weise ergeben, zeigt nachstehende überschlägige Wirtschaftlichkeitsberechnung[1]):

1. Annahmen:

Die nutzbare Abwärme eines 500-PS_e-MAN-Dieselmotors sei bei Vollast für je 1 Betriebsstunde:

a) im Kühlwasser (9000 kg von 10^0 auf 50^0 erwärmt) . . . . 360 000 kcal/h

b) in den Auspuffgasen . . . . 150 000 »

Insgesamt: 510 000 kcal/h

2. Ersparnisrechnung:

Wert dieser Wärmemenge, gemessen in Steinkohle und bezogen auf 1 Betriebsstunde, ferner auf die Frachtlage

	Süddeutschland	Norddeutschland
und den Kohlenpreis je t	35.— RM.	25.— RM.
frei Kesselhaus	$\dfrac{35 \cdot 510\,000}{1000 \cdot 7000 \cdot 0{,}65}$	$\dfrac{25 \cdot 510\,000}{1000 \cdot 7000 \cdot 0{,}65}$
	= 3,90 RM.	= 2,80 RM.,

wenn der Heizwert der Kohle mit 7000 kcal/kg und der mittlere Kesselwirkungsgrad mit 0,65, und zwar für den Jahresdurchschnitt einschließlich aller Verluste angenommen wird.

---

[1]) Verfasser empfiehlt die aufmerksame Durcharbeitung der nachfolgenden Berechnung, da sie zugleich in grundsätzlicher Weise zeigt, wie solche Wirtschaftlichkeitsberechnung bei Verbrennungskraftmaschinen mit nachgeschalteter Abwärmeverwertung anzufassen sind.

Bei 2400 Betriebsstunden im Jahr ergibt sich also durch die Abwärmeverwertung eine Ersparnis an Brennstoffkosten von RM. 9360 bzw. RM. 6720.

Demgegenüber sind die Betriebsstoffkosten des Dieselmotors für süddeutsche Frachtlage etwa:

für Treiböl $\dfrac{500 \cdot 0{,}185 \cdot 2400 \cdot 12{,}5}{1000} = 27\,750$ RM.

für Schmieröl . . . . $= 1\,250$ »

Insgesamt: $= 29\,000$ RM.

jährlich

bzw. für die norddeutsche Frachtlage:

für Treiböl . $\dfrac{500 \cdot 0{,}185 \cdot 2400 \cdot 11{,}50}{100} = 25\,500$ RM.

für Schmieröl . . . . $= 1\,250$ »

Insgesamt: $= 26\,750$ RM.

jährlich, wenn der Berechnung für die süddeutsche bzw. norddeutsche Frachtlage frei Maschinenhaus ein Treibölpreis von 12,50 bzw. 11,50 RM. für 100 kg und ein Treibölverbrauch von 185 g für 1 PS_eh sowie ein Schmierölpreis von 50 RM. für 100 kg zugrunde gelegt wird.

Die Ersparnis durch die restlose Abwärmeverwertung macht also für den vorliegenden Fall rund 32 bzw. 25 v. H. der Betriebsstoffkosten aus. Da die Abwärmeverwertungsanlage frei aufgestellt nach Angaben der MAN einen Anschaffungswert von 5000 RM. hat, so macht sich dieselbe in 7—9 Monaten bezahlt.

Abb. 40—43 zeigen vier ausgeführte Anlagen der MAN zur Erzeugung von Dampf, Heißwasser und Luft, welche vorstehenden Grundschaltungen 5—7, Abb. 37—39, entsprechen.

Im übrigen wäre hier noch die Wirtschaftlichkeitsberechnung für die Fernheizanlage des Elektrizitätswerkes Schwerin anzuführen, welche in Band I Seite 170 gegeben worden ist.

b) Für Gasmaschinen.

In der Gasmaschine wir trotz ihres verhältnismäßig günstigen Wärmewirkungsgrades nur etwa $1/3$ der Brennstoffwärme in Arbeit umgesetzt, der überwiegende Rest geht mit den Abgasen und dem Kühlwasser verloren. Abb. 44 zeigt den Wärmefluß für eine 6000-PS$_e$-Hochofengasmaschine mit nachgeschaltetem MAN-Abwärmeverwerter. Wie aus diesem Dia-

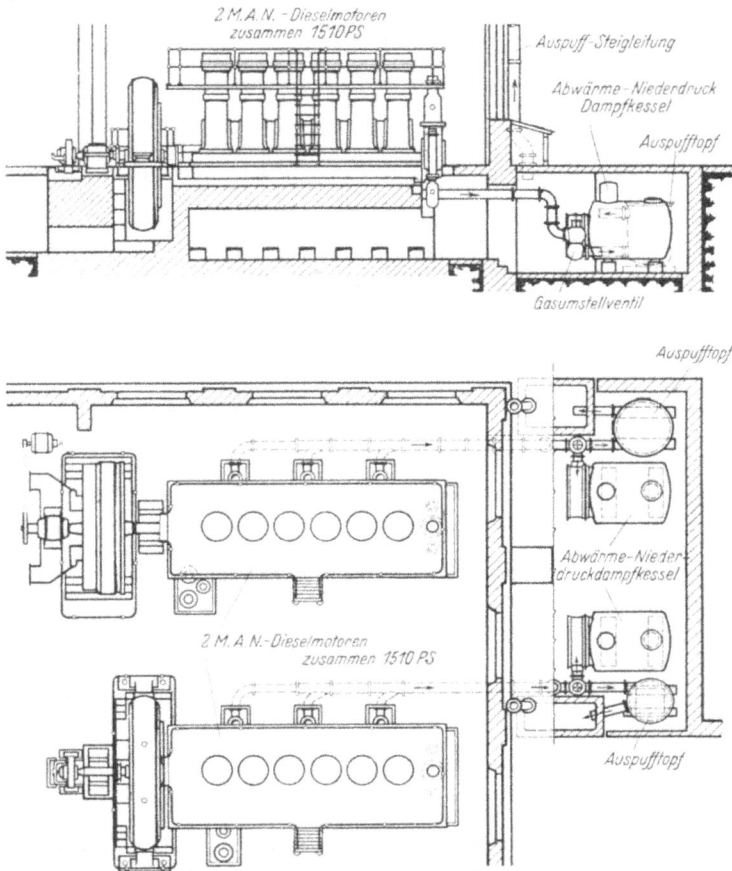

Abb. 40. Niederdruck-Dampfkesselanlage an zwei MAN-Dieselmotoren von 710 und 800 PS, für die Firma Robert Bosch A.-G. in Stuttgart-Feuerbach.

gramm zu ersehen ist, gehen 27,5 v. H. der mit dem Hochofengas der Maschine zugeführten Wärme in das Kühlwasser und 30,5 v. H. mit den Auspuffgasen ins Freie.

Zur Verwertung der mit den Auspuffgasen abgehenden
Abhitze ist der Großgasmaschine — wie Abb. 44 zeigt — ein
Abhitzekessel nachgeschaltet. Der Aufbau der Abwärme-

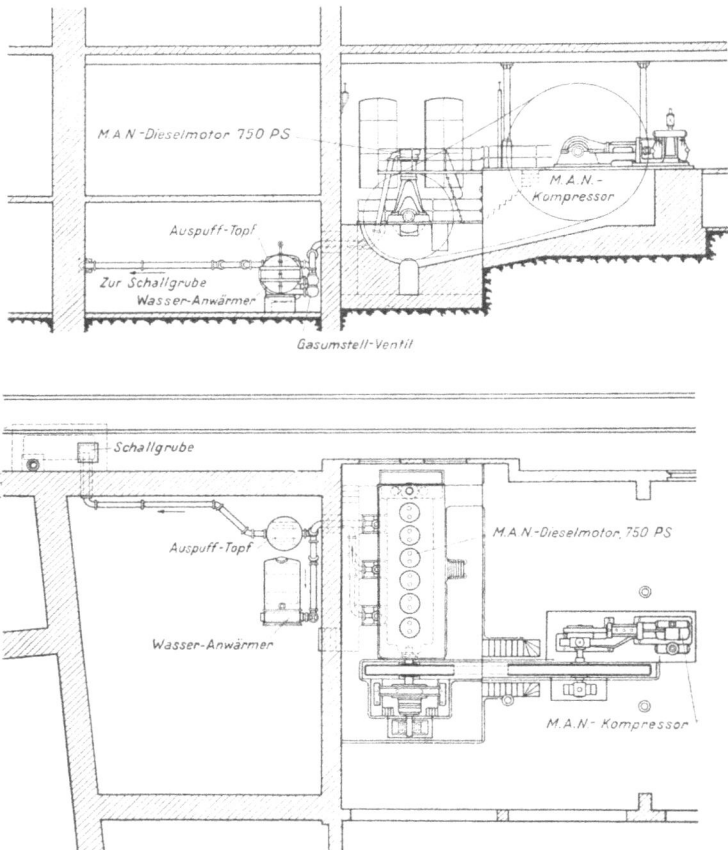

Abb. 41. Abwärmeverwertungsanlage an einem MAN-Dieselmotor von 750 PS,
zur Erzeugung von Heißwasser geliefert für die Union-Brauerei A.-G. in Dort-
mund (vgl. Grundschaltung 6, Abb. 38).

verwertungsanlage entspricht der Grundschaltung 5, Abb. 37.
In diesem Abhitzekessel wird Hochdruckdampf von 12 ata
und 325⁰ Überhitzung erzeugt, und zwar beträgt die Ausbeute
je Stunde 6000 kg. Es ergibt sich somit eine Dampfausbeute

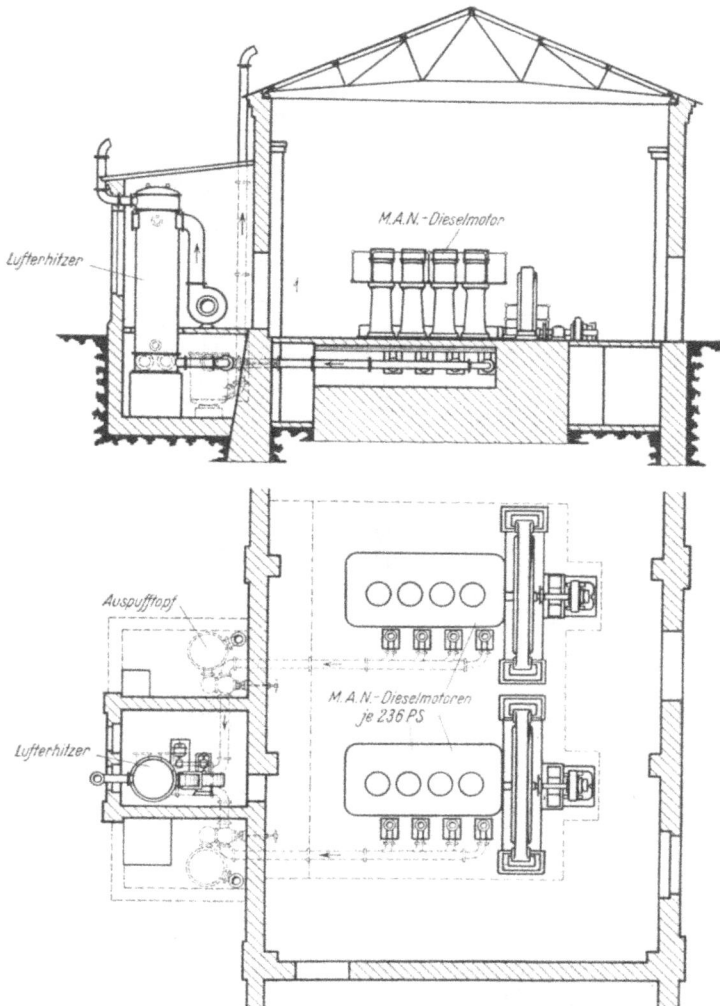

Abb. 42. Lufterhitzungsanlage an einem MAN-Dieselmotor von
240 PS, für die Mühlenwerke Hübler & Co. in Riesa a. d. Elbe
(vgl. Grundschaltung 7, Abb. 39).

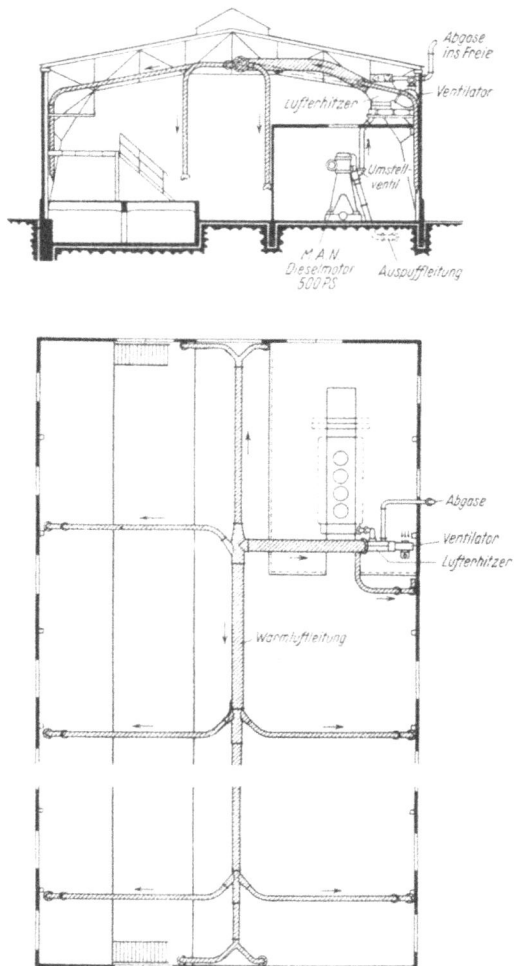

Abb. 43. Luftheizungsanlage hinter einem
MAN-Dieselmotor von 535 PS, für die
Maschinenfabrik Dr. E. Loeffellad in
Donauwörth (Warmluftleitung schraffiert).
(Vgl. Grundschaltung 7, Abb. 39.)

im Jahr — bei Annahme von 8600 Betriebsstunden — von rund
51 600 t. Diese aus dem Schaubild ersichtliche Ausbeute von
etwa 1 kg Dampf von 12 ata und 325⁰ Überhitzung für die

Gas-PS$_e$h wird an Gasmaschinen mittlerer Größe bei Vollast, also bei günstigstem Wärmewirkungsgrad der Maschine erzielt. Bei geringerer Belastung und weniger sorgfältiger Wartung verbraucht die Maschine auf die Leistungseinheit

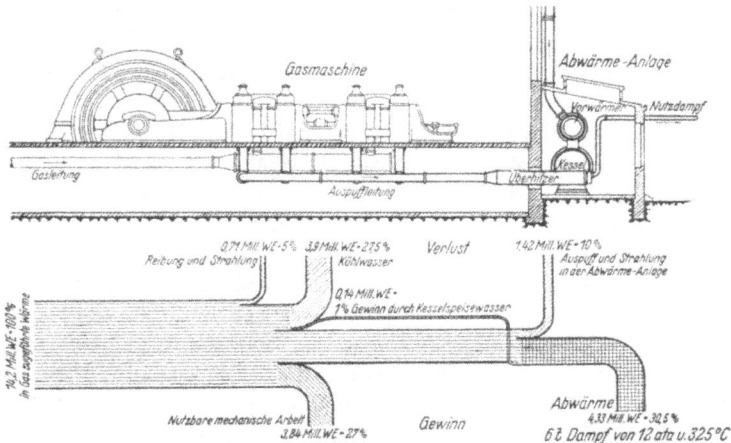

Abb. 44. Wärmefluß eines 6000 PS$_e$-Hochofengaskraftwerkes mit Abhitzekesseln zur Erzeugung von Heißdampf (12 ata und 350°).
Dampfausbeute je Betriebsstunde = 6,0 t
im Jahr bei 8600 Betriebsstunden ≅ 51 600 t.

bezogen größere Wärmemengen. Diese gehen hauptsächlich in den Auspuff und werden durch die Abhitzeverwertung zum größten Teil selbsttätig wiedergewonnen. In diesem Zusammenhange vergleiche man auch die in Band I Zahlentafel 32, S. 166, zusammengestellten Betriebsergebnisse einiger seit Jahren in Betrieb befindlicher MAN-Abwärmeanlagen.

Diese Art der Ausnutzung der Abhitze zur Erzeugung von Hochdruckdampf eignet sich für alle Industrien mit Gasmaschinen-Kraftwerken, sie kommt also vor allem für den Bergbau, für die Hüttenwerke und für die chemische Großindustrie in Frage.

Im übrigen sind auch die unter Dieselmotore gegebenen Grundschaltungen 6 und 7, Abb. 38 und 39, für Gasmaschinen zur Erzeugung von Heißwasser und Heißluft verwendbar. Die Heißwassererzeuger sind in Band I, S. 170 und 219, und die Heißlufterzeuger auf Seite 154 und 173 gebracht.

Wie groß die durch Abhitzeverwertung bei Gasmaschinen zu erzielenden Vorteile sind, geht aus nachstehender Wirtschaftlichkeitsberechnung für eine Anlage zur Dampferzeugung hervor[1]):

1. Dampferzeugung. Ein Hochofengaskraftwerk von etwa 10000 PS$_e$ Gesamtleistung würde bei Vollast durch die angebaute Abhitzeverwertungsanlage eine stündliche Dampferzeugung von rund 10 t Dampf von 12 ata und 325° Überhitzung ergeben. Wie diese Werte ermittelt werden, wurde in einem Rechnungsbeispiel in Band I, S. 171, gezeigt. Infolge der wechselnden Belastungsverhältnisse werden jedoch etwa 20 v. H. weniger (also rd. 8 t) und im Jahr bei 8500 Betriebsstunden etwa 68000 t erzeugt.

2. Dampfkosten. Würde diese Dampfmenge in unmittelbar gefeuerten Kesseln erzeugt, so kommt bei einem Kohlenpreis von 24 RM. für 1 t und bei einer achtfachen Verdampfung die Tonne Dampf auf 3 RM. Es wäre also im Jahr zur Erzeugung von 68000 t Dampf eine Summe von 204000 RM. aufzuwenden.

3. Anlagekosten. Nach Angaben der MAN kostet die Abwärmeverwertungsanlage fertig aufgestellt mit allen Rohrleitungen, Pumpen, Fundamenten, Wärmeschutz und Zusammenbau etwa 136000 RM.

4. Abschreibung. Die Abwärmeverwertungsanlage würde sich demnach durch die erzielten Ersparnisse schon in 3/4 Jahren bezahlt machen.

c) Für industrielle Öfen.

In den technischen Öfen vieler Industrien gehen noch ganz gewaltige Wärmemengen mit den Abgasen verloren. In manchen Fällen geben zwar die Abgase einen erheblichen Teil ihres Wärmeinhaltes in Vorrichtungen zur Luft- und Gaserhitzung, wie Regeneratoren oder Rekuperatoren ab, wirtschaftlich können aber diese aus Mauerwerk bestehenden Anlagen nur bis zu Temperaturen von 600° herab arbeiten. In Temperaturgebieten unterhalb 600° wird die Wärmeübertragung des Mauerwerkes zu träge, d. h. Raumbedarf und Anlagekosten werden unverhältnismäßig gesteigert. Es ist jedoch möglich, auch diese Temperaturstufe von 600 bis

---

[1]) Die nachfolgende Berechnung zeigt zugleich den grundsätzlichen Ansatz von Wirtschaftlichkeitsberechnungen für Abhitzeverwerter zur Dampferzeugung.

SIEMENS-MARTIN-OFEN

ESSE

NUTZ-DAMPF

EXHAUSTOR · MOTOR

ABWÄRME-DAMPFKESSEL

ABGASE

GAS · LUFT · LUFT · GAS

HEIZPERDE

KOHLENBUNKER

GASERZEUGER

DAMPF FÜR VERGASUNG

V E R L U S T E

GENERATORVERLUSTE DURCH ASCHE 21 MILL WE = 16 %
SCHLACKE UNVERBRANNTES U. STRAHLUNG

STRAHLUNGSVERLUSTE
IM OBERBAU

STRAHLUNGSVERLUST
IM UNTERBAU

VERLUST IN SCHORNSTEINGASEN
UND STRAHLUNG D. KESSELANLAGE

(4,5 MILL WE =11%)

132,5 MILL. WE = 9,5,5 %
IN KOHLE ZUR GAS-
U. DAMPFERZEUGUNG

13,1 MILL. WE = 100 %

0,59 MILL WE = 4,5 %
KOHLE ZUR DAMPFERZEUGUNG
FÜR VERGASUNG

ERZEUGUNG

WÄRMEZUFUHR DURCH
FLÜSSIGES ROHEISEN

WÄRMEZUFUHR DURCH
OXYDATION DES SCHMELZ-
GUTES

WÄRME FÜR SCHMELZPROZESS
EINSCHL.SCHLACKENWÄRME

WÄRME FÜR SCHMELZPROZESS

KREISPROZESS DER GAS- U.
LUFTERHITZUNG IN DEN
REGENERATORKAMMERN

3,81 MILL WE = 29 % ABGASE
ZUM ABWÄRMEVERWERTER

ABWÄRME - GEWINN

2,36 MILL.WE =18 %

3,2 t DAMPF VON 15 ATM.ABS. UND 350° C

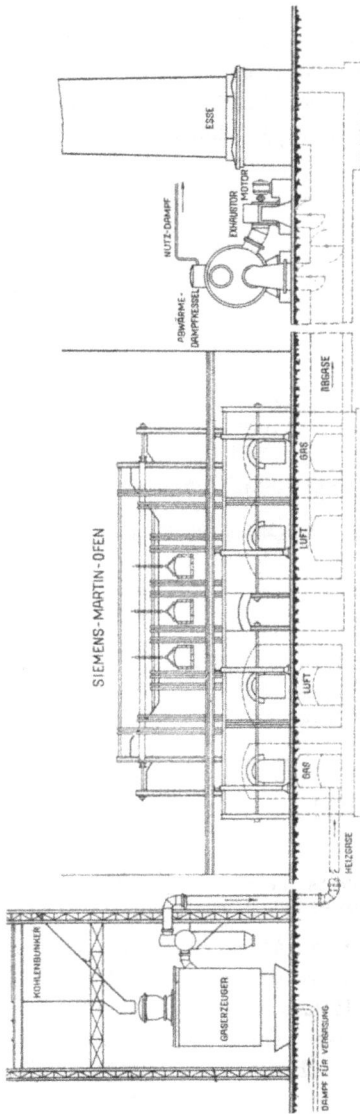

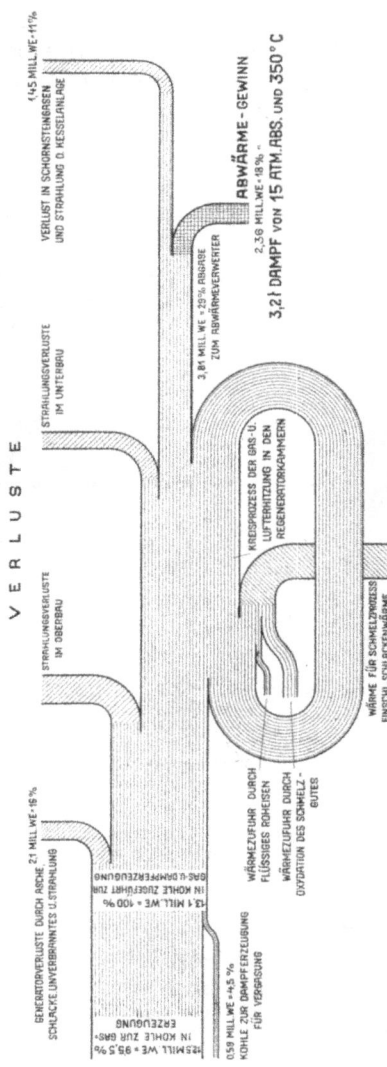

Abb. 45. Wärmeverteilung eines Siemens-Martin-Ofens für 50 t Einsatz, mit MAN-Abwärmeverwerter zur Erzeugung von Heißdampf. Dampfausbeute in der Stunde: 3,2 t (15 ata und 350 °C). Dampfausbeute im Jahr: 22 400 t (bei 7000 Betriebsstunden). (Vgl. Grundschaltung 5, Abb. 37.)

200° C nach den Grundschaltungen 5—7, Abb. 37—39, zur Erzeugung von Hochdruckdampf, Heißwasser oder Heißluft in neuzeitlichen Abwärmeverwertern ausnutzen.

Der durch die Abwärmeverwertung erreichbare Gewinn richtet sich nach den in jedem Einzelfall verfügbaren Abhitzemengen.

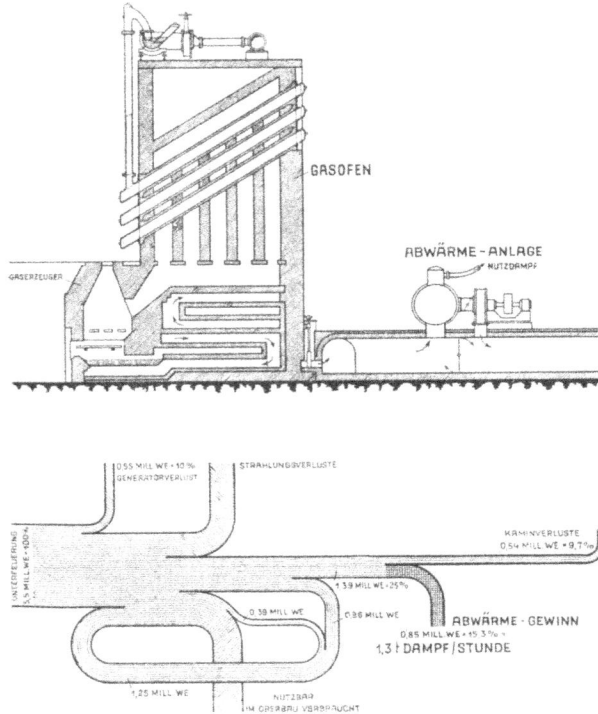

Abb. 46. Wärmeverteilung eines Ofenblocks von 10—12 Gasöfen mit Abwärmeverwertung zur Erzeugung von Heißdampf.

Die Entscheidung, ob die Einrichtung von Abwärmeverwertern zweckmäßig ist, muß unter sorgfältiger Prüfung aller wirtschaftlichen und betriebstechnischen Verhältnisse in jedem Einzelfall getroffen werden. Bei der in den letzten Jahren eingetretenen Steigerung der Brennstoffpreise wird sich die Ausnutzung der Ofenabgase in den meisten Fällen lohnen. Es sei an dieser Stelle die Wirtschaftlichkeitsberechnung für eine Abhitzeverwertung hinter einem Martinofen nach Angaben der MAN gebracht.

An einem Martinofen mit 50 t Einsatz werden bei einer stündlichen Erzeugung von 7½ t Stahl etwa 3200 kg/h Heiß-dampf von 15 ata und 350⁰ Überhitzung im Abwärmeverwerter gewonnen (s. a. Abb. 45). Die durch die Abwärmeverwertung erzielten Ersparnisse ergeben sich bei 3 Chargen in 24 Betriebs-stunden von je 50 t Einsatz wie folgt:

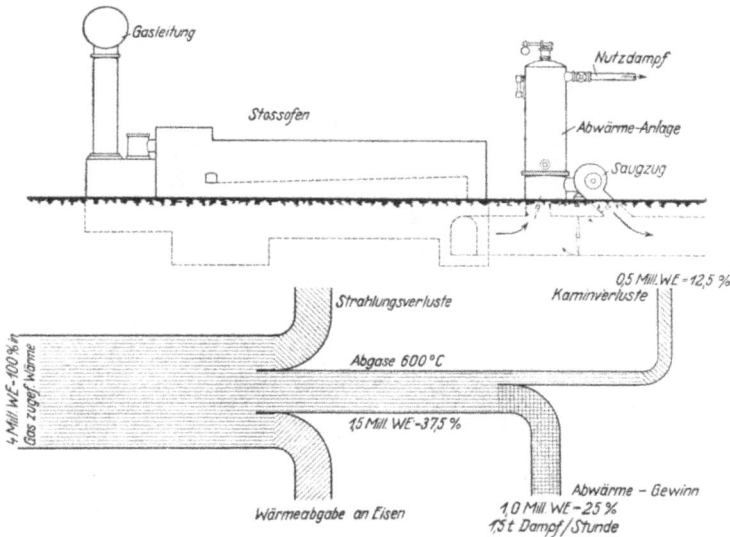

Abb. 47. Wärmeverteilung eines Stoßofens für 10—12 t stündl. Einsatz mit Abwärmeverwertung von Dampf.

Stündliche Dampfleistung, bei Erzeugung von
   Dampf von 15 ata und 350⁰ Überhitzung . . .   3200 kg
Jährliche Dampfmenge bei 7000 Betriebsstunden 22400 t
Kraftbedarf der Saugzuganlage = 16 PS, bezogen
   auf die Dampfmenge. Bei Ansatz von 10 kg Dampf
   je PS und Stunde einschließlich aller Verluste,
   benötigt die Saugzuganlage $\frac{16 \cdot 10 \cdot 7000}{1000} =$ . . 1120 t
Jährliche nutzbare Dampfmenge = 22400 — 1120 = 21280 t
Preis für die Tonne Dampf frei Kesselhaus bei einem
   Kohlenpreis von 24 RM. je t und bei Annahme
   einer achtfachen Verdampfung = ...   3 RM.

Jährlicher Erlös aus der Abwärmeanlage =
21 280 · 3 = ... 64 000 RM.
Voraussichtliche Kosten der betriebsfertigen Anlage nach Angaben der MAN = ... 50 000 RM.

Abb. 48. 5 MAN-Abwärmeverwerter mit Vorwärmer, Überhitzer
und Saugzug, einfache Gasführung im Kessel und Vorwärmer,
stehende Bauart, an Martin- bezw. Stoßöfen. Dampfleistung
3000 kg/h je Kessel, 14 ata, 300° C Überhitzung, geliefert für
Henschel & Sohn, Abt. Henrichshütte, Hattingen a. Ruhr.

Die Anlage macht sich infolgedessen in etwa 9—10 Monaten
bei einer jährlichen Brennstoffersparnis von 2650 t bezahlt.

Abb. 45 bis Abb. 47 zeigen die Wärmeflußdiagramme für
verschiedene industrielle Öfen mit Abwärmeverwertung zur
Erzeugung von Heißdampf und Abb. 48 eine ausgeführte Anlage von MAN-Abwärmeverwertern zur Erzeugung von Hochdruckdampf von 14 ata und 300° Überhitzung mit einer Dampfleistung von 3000 kg/h je Abhitzekessel.

Grundschaltungen für Abwärmeverwertungsanlagen mit Speicher.

1. Die Speicher-Grundschaltungen.

In Abschnitt 3 waren Abwärmeverwertungsanlagen besprochen, welche nur aus 3 Elementen bestanden und den überhaupt denkbar einfachsten Zusammenbau zeigen. Sie bestanden aus dem Wärmeaustauscher, welcher die anfallende Abwärme auf den benötigten Wärmeträger auf benötigter Temperaturstufe zu übertragen hatte, dem Leitungsnetz zur Fortleitung des Wärmeträgers an die Verbraucherstelle und aus den Armaturen.

Solche Anlagen sind nur möglich, wenn die anfallende Abwärme von der nachgeschalteten Verwertungsanlage ganz oder zum größten Teil sofort geschluckt und sofort verarbeitet werden kann und bei welchen eine Speicherung von Wärme auf der benötigten Temperaturstufe für Anfallpausen nicht notwendig ist, weil entweder zusammenfallend mit den Unterbrechungen des Anfallens keine Wärme gefordert wird, oder die Wärme an sich in der Kesselanlage so billig durch Abfallstoffe des Betriebes erzeugt wird, daß sich eine Aufspeicherung nicht lohnt.

Ein typisches Beispiel für das eben Gesagte ist die Wärmegestellung in der Holzindustrie. Hier liegen bei allen größeren Werken Sägewerk, Holzbearbeitung und die Hobelei nebeneinander. Die Holzbearbeitungsmaschinen werfen oft mehr Sägespäne ab, als an Brennmaterial für die Kessel im Augenblick gefordert wird, so daß diese überschüssige Brennstoffmenge in Silos gespeichert werden muß. Sodann haben gerade Holzindustrien eine große Schluckfähigkeit für die anfallende Abwärme, besonders für die ausgedehnten Trockenanlagen, soweit im Sommer nicht luftgetrocknet wird. Bei dem überreichlich anfallenden Brennstoff ist es zuweilen sogar erwünscht, die Trockenanlagen und die Räume nachts mit gedrosseltem Frischdampf zu heizen, um durch Inbetriebhaltung der Kessel das sonst abzutransportierende Brennmaterial zu beseitigen.

Sofort aber ändert sich der Fall, wenn nicht genügend Späne anfallen, so daß der Zusatz eines nicht kostenlos zur Verfügung stehenden Brennstoffes erforderlich wird. In diesem Falle muß mit dem billigen Brennstoff hausgehalten und gegebenenfalls eine Speicherung von Wärme zur Aufrechterhaltung des fortlaufenden Betriebes vorgesehen werden.

Die für die Abwärmetechnik in Betracht kommenden zwei Speichergruppen, nämlich Dampf- und Heißwasserspeicher, sind als solche in Band I, S. 193, eingehend betrachtet und die Unterlagen zur Berechnung des jeweils notwendigen Speicherinhalts gegeben worden (s. S. 204 u. f. und S. 215 u. f.).

Als Vertreter der Dampfspeicher sind hier der Rateau- und Ruths-Speicher zu betrachten, und zwar ihre sich aus der jeweiligen Zweckbestimmung ergebende verschiedenartige Einschaltung in das Netz der Gesamtanlage.

Abb. 49 und 51 zeigen die beiden Grundschaltungen 8 und 10 des Rateau- und Ruths-Speichers.

Dem Rateau-Speicher fällt — wie Abb. 49 verdeutlicht — die Aufgabe zu, aus Maschinen stoßweise austretende Abdampfmengen zu sammeln und in einen Gleichstrom umzuwandeln, zum Zwecke der gleichförmigen Wärmebelieferung einer nachgeschalteten Abwärmeverwertungsanlage, welche durch eine Niederdruck-Kraft- oder Heizanlage dargestellt werden kann. Die Grundschaltung 9, Abb. 50, zeigt eine zusammengeschaltete Kraft- und Heizanlage mit Rateau-Speicher. Derselbe beliefert eine Heizanlage oder eine Niederdruckturbine, welche auf hohes Vakuum arbeitet mit einem Dampf-Gleichstrom (oder auch beide zusammen). Die Schaltung: Rateau-Speicher Ra-S — Maschine mit konstantem Dampfverbrauch Mk — Kondensator für hohes Vakuum Co — kommt für Dampfkraftmaschinen mit stoßweiser Abdampfabgabe und für Verbrennungskraftmaschinen, welche mit Heißkühlung betrieben werden, in Frage. Zum Verständnis des weiteren ist es angebracht, sich die Grundschaltungen 8 und 9 genau einzuprägen.

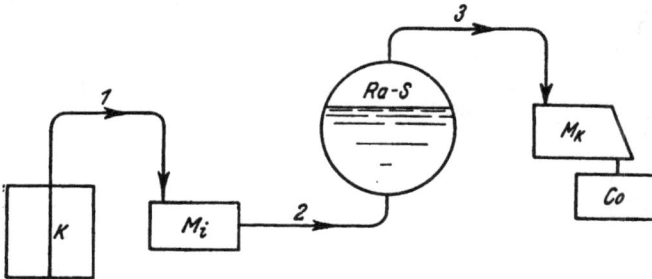

Erklärung der Schaltung. Der in der Kesselanlage K er-
zeugte Frischdampf strömt einer Maschine Mi mit stoßweiser
Dampfaufnahme zu, z. B. einer Walzenzug-Reversiermaschine,
Fördermaschine, Dampfhammer oder Presse. Der stoßweise ab-
gegebene Abdampf dieser Maschine strömt durch die Leitung 2 zum
Rateau-Speicher Ra-S, welcher den aufgenommenen stoßweisen
Abdampf seinerseits als Abdampfgleichstrom einer nachgeschalteten
Verwerteranlage mit konstantem Dampfverbrauch zusendet. Die
Verwerteranlage kann eine Heizanlage oder eine Kraftanlage sein.
In obiger Grundschaltung strömt der Abdampfgleichstrom vom
Speicher Ra-S durch die Leitung 3 einer Niederdruckturbine Mk
zu, welche auf hohes Vakuum arbeitet. Der Kondensator Co dieser
Maschine hat ein Vakuum bis zu 0,06 ata zu liefern.

In der Schaltung bedeuten also:

K — Kesselanlage,
Mi — stoßweise arbeitende Maschine,
Mk — Maschine mit konstantem Dampfverbrauch,
Co — Hochleistungskondensator,
Ra-S — Rateau-Speicher.

Abb. 49. Grundschaltung 8.
Die Grundschaltung für Rateau-Speicher.

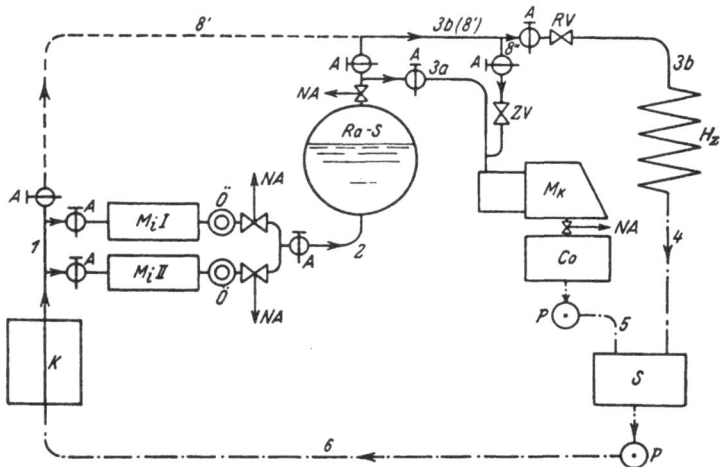

Erklärung der Schaltung. Die Grundschaltung *9* ist auf der Grundschaltung *8* aufgebaut und zeigt eine Abdampfverwertungsanlage mit Rateau-Speicher, wie sie auf Zechen des öfteren zu finden ist. Der in der Kesselanlage *K* erzeugte Frischdampf fließt den beiden Fördermaschinen *Mi I* und *Mi II* zu. Der stoßweise Abdampf der Maschinen strömt durch die Leitung *2* zum Rateau-Speicher *Ra-S*. Der Rateau-Speicher formt den stoßweise anfallenden Abdampf in einen Abdampf-Gleichstrom um und speist mit diesem Gleichstrom entweder durch die Leitung *3a* eine Niederdruckturbine *Mk*, welche auf einen Hochleistungskondensator *Co* arbeitet, oder durch die Leitung *3b* eine Niederdruckdampf-Heizanlage *Hz* oder beide Anlagen zusammen. Das Kondensat wird aus dem Kondensator durch die Leitung *5* dem Speisewasserbehälter *S* durch eine Pumpe *P* zugedrückt. Das Kondensat der Heizanlage fließt durch die Leitung *4* ebenfalls dem Sammelbehälter *S* zu. Dieser speist mit Hilfe einer Kesselspeisepumpe *P* durch die Speiseleitung *6* die Kesselanlage *K*. Aus dieser Schaltung sind der Übersichtlichkeit halber der Ekonomiser *E* und der Überhitzer *Ü* herausgelassen. Es muß ferner noch eine Umführungsleitung *8'* vorgesehen werden, durch welche gegebenenfalls gedrosselter Frischdampf der Verwertungsanlage zugesetzt werden kann.

In der Schaltung bedeuten bedeuten also:

K — Kesselanlage,
Mi I u. *Mi II* — stoßweise arbeitende Maschinen (Fördermaschinen),
Ra-S — Rateau-Speicher,
A, RV, ZV, NA — Regelorgane,

Mk — Niederdruckturbine,
Co — Hochleistungskondensator,
Hz — Heizanlage,
S — Speisewassersammelbehälter,
P — Pumpen,
Ö — Entöler.

Abb. 50. Grundschaltung 9.

Möglichkeiten der Einschaltung des Rateau-Speichers in das Netz der Dampfkraftanlage.

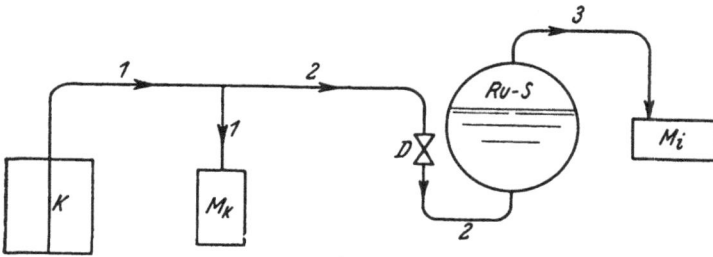

Erklärung der Schaltung. Der in der Kesselanlage K erzeugte Frischdampf strömt einer Maschine Mk durch Leitung 1
zu, welche mit wenig schwankender Belastung arbeitet. Die
Maschine Mk ist als Grundbelastung anzusehen. Die nicht verbrauchten Spitzen der gleichmäßig zu belastenden Kesselanlage K
fließen durch die Leitung 2, durch das Drosselorgan D dem Ruths-
Speicher $Ru\text{-}S$ zu, welcher seinerseits einen Dampfverbraucher mit
schwankendem oder stoßweise auftretenden Dampfverbrauch versorgt. In obiger Grundschaltung ist eine stoßweise arbeitende
Maschine Mi vorgesehen, welche vom Ruths-Speicher $Ru\text{-}S$ aus
durch die Leitung 3 versorgt wird. Statt der Maschine Mi kann
auch eine Heiz- oder Kochanlage oder intermittierende Dampfverbraucher verschiedener Art vorgesehen werden.

In der Schaltung bedeuten also:

K — Kesselanlage,
Mi — stoßweise arbeitende Maschinen,
Mk — Maschine mit konst. Belastung,
$Ru\text{-}S$ — Ruths-Speicher,
D — Drosselorgan.

Abb. 51. Grundschaltung 10.
Die Grundschaltung für Ruths-Speicher.

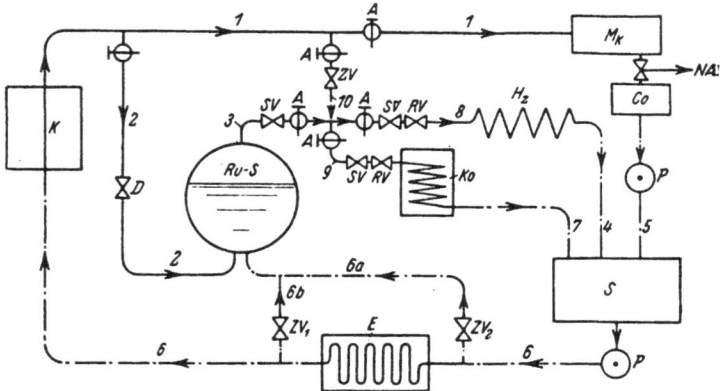

Erklärung der Schaltung. Die Grundschaltung *11* ist auf der Grundschaltung *10* aufgebaut. Der in der Kesselanlage erzeugte Dampf fließt zum Teil durch die Leitung *1* der Grundlast *Mk* zu, zum Teil strömt er durch die Leitung *2* zum Ruths-Speicher, nämlich so weit wie er von der Maschine *Mk* nicht aufgenommen werden kann. Die Ruths-Speicheranlage versorgt ihrerseits eine Heizanlage *Hz* und eine Kochanlage *Ko* mit Dampf von niedrigerer Spannung als der Kesselspannung, und zwar liegt das Druckgefälle zwischen der Kesselspannung *p* bis herunter zu 2,0 ata. Das Kondensat des Dampfverbrauchers *Mk* wird durch die Leitung *5* dem Speisewasserbehälter *S* zugedrückt, demselben fließt auch durch die Leitung *4* bzw. *7* das Kondensat aus der Heizanlage *Hz* bzw. aus der Kochanlage *Ko* zu. Vom Speisewasserbehälter *S* wird dasselbe dann durch eine Speisepumpe *P*, durch die Leitung *6* und durch den Ekonomiser *E* der Kesselanlage wieder zugedrückt. Der Ruths-Speicher erhält sein Zusatzwasser aus der Kondensat-Druckleitung *6* je nach dem in dem Speicher herrschenden Dampfzustand, und zwar entweder Kaltwasser durch die Leitung *6a* oder Heißwasser durch die Leitung *6b*. Es ist nämlich sehr wichtig, dem Ruths-Speicher stein- und gasfreies Speisewasser zuzuführen, damit umgekehrt die an den Speicher angeschlossenen Dampfverbraucher gasfreien Dampf erhalten. Auf diese Weise wird das Kondensat der Gesamtanlage nicht verunreinigt und damit die Kesselheizfläche durch die Gase nicht angegriffen, wie es eintreten könnte, wenn der Speicher mit Rohwasser gespeist würde. Im übrigen ist noch eine Umführungsleitung *10* mit den notwendigen Regelorganen einzubauen, damit im Bedarfsfalle die an die Ruths-Speicheranlage angeschlossenen Dampfverbraucher mit gedrosseltem Frischdampf gespeist werden können.

In der Schaltung bedeuten also:

K — Kesselanlage,
Mk — Maschine mit der Grundlast,
Ru-S — Ruths-Speicher,
Hz — Heizanlage,
Ko — Kocheranlage,
S — Speisewasserbehälter,
E — Ekonomiser,
A, RV, SV, ZV, NA — Regelorgane.

Abb. 52. Grundschaltung 11.
Möglichkeiten der Einschaltung des Ruths-Speichers in das Netz der Dampfkraftanlage.

Der wirtschaftliche Erfolg der Dampfspeicherung nach Ruths beruht darauf, den Speicher an einer Stelle der Verwertungsanlage einzufügen, wo größere Druckschwankungen zulässig sind als in den Dampfkesseln, und die Druckschwankungen selbst in ein niedriger gelegenes Druckgebiet zu verlegen. Überall da, wo die Kessel außer Heizdampf auch Dampf für Kraftmaschinen erzeugen müssen, sind Schwankungen im Kesselbetrieb von Verlusten begleitet. Berücksichtigt man, daß die Ruths-Dampfspeicher erheblich größere Raumabmessungen haben wie die Kessel, so liegt es auf der Hand, daß durch Einschaltung solcher Dampfspeicher die Kesselbeanspruchung eine viel gleichmäßigere wird, wodurch die Möglichkeit geschaffen ist, den in der Kesselanlage erzeugten Hochdruckdampf bis herab zum jeweiligen Speicherdruck besser in einer Kraftmaschine auszunutzen. Sehr zu beachten ist dabei, daß jede Herabdrosselung des Dampfdruckes in einem Drosselorgan eine Entwertung der dem Frischdampf innewohnenden Energie mit sich bringt und damit eine verpaßte Gelegenheit bedeuten würde aus zur Verfügung stehender Wärme mechanische Arbeit zu gewinnen, wie dies bei Einschaltung einer Kraftmaschine zur Ausnutzung des Druckgefälles geschieht.

Aus dem Gesagten ergibt sich zwanglos die Einschaltung des Ruths-Speichers in das Dampfnetz nach Grundschaltung 10, Abb. 51.

Der erzeugte Kesseldampf strömt dem gleichförmig belasteten Dampfverbraucher Mk zu, die hier nicht verbrauchten Dampfüberschüsse werden dem Ruths-Speicher Ru-S zugeführt, welcher seinerseits nachgeschaltete Dampfverbraucher mit schwankender Dampfmenge in tieferen Druckgebieten mit Dampf versorgt.

Der grundsätzliche Unterschied zwischen Rateau- und Ruths-Speicher-Schaltung läßt sich in einfacher Weise nach Art des Schaltungsschemas Abb. 53 und 54 darstellen.

Abb. 53. Schematische Darstellung der Arbeitsweise des Rateau-Speichers.

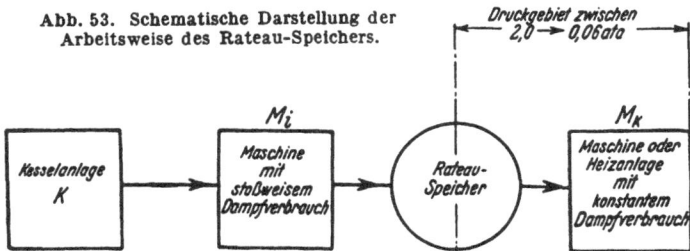

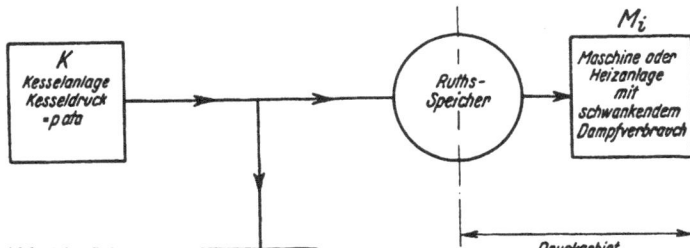

Abb. 54. Schematische Darstellung der Arbeitsweise des Ruths-Speichers.

Grundschaltung 11, Abb. 52, zeigt eine zusammengeschaltete Kraft- und Heizanlage mit Ruths-Speicher. Die Verschiedenheit der Einordnung des Rateau- und Ruths-Speichers infolge ihrer verschiedenen Zweckverfolgung, ergibt sich auch aus dem Vergleich der Grundschaltungen 9 und 11. Noch deutlicher wird der Vorgang an Hand des Schaltungsschemas, Abb. 55, welches eine Heizungs-Kraftanlage mit Ruths- und Rateau-Speicher in Hintereinanderschaltung darstellt.

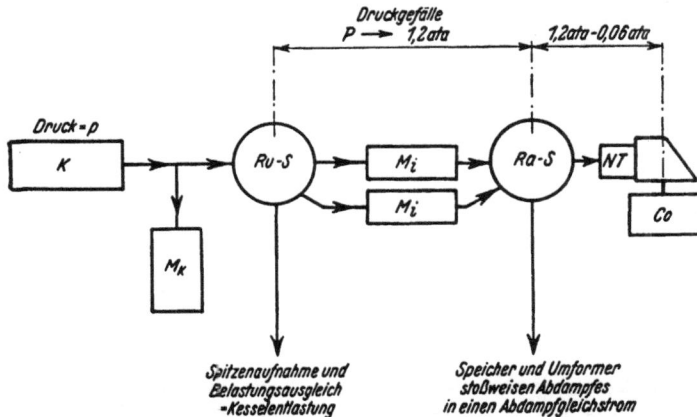

Abb. 55. Ruths- und Rateau-Speicher in Hintereinanderschaltung.

Die zweite Gruppe von Speichern — die Heißwasser speicher — sind im wesentlichen schon in Band I, S. 214, behandelt worden. Die dort gegebene Grundschaltung Abb. 126 sei hier nochmals wiedergegeben (s. Grundschaltung 12, Abb. 56). Sie besteht im wesentlichen aus einem Speicher S, einem Vorwärmer V, einer Umlaufleitung 1 und gegebenenfalls noch aus einer Umwälzpumpe P.

Diese wird auch zuweilen erspart durch Einziehung des Vorwärmer-Heizsystems in den Speicherraum und der hierdurch geförderten natürlichen (aber wesentlich langsameren) Wasserumwälzung. Zu empfehlen ist aber eine solche Bauart schon aus dem Grunde nicht, weil bei Reinigung der Heizfläche des Vorwärmers auf der Wasserseite oder bei Schadhaftwerden der Rohre, zuerst der Wasserinhalt des Speichers abgelassen und dieser somit außer Betrieb gesetzt werden müßte.

Eine beispielsweise Einschaltung von Heißwasserspeichern in das Dampfnetz zeigt das folgende oft auf Zechen vorkom-

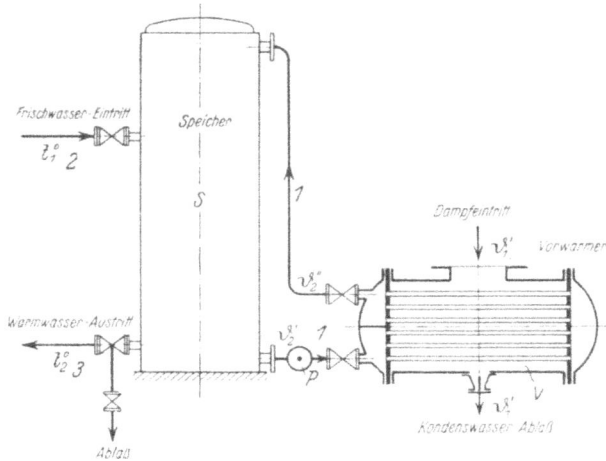

Erklärung der Schaltung. Nach stattgefundener Heißwasserentnahme, z. B. für Bäder, wird der Speicher *S* durch die Leitung *2* mit Frischwasser aufgefüllt. Während der Pause zwischen zwei Badezeiten, z. B. bei einer Zeche, wird der Speicherinhalt durch die Umwälzleitung *1* mit Hilfe der Pumpe *P* mehrmals zwischen Vorwärmer und Speicher umgewälzt und hierbei langsam auf die benötigte Heißwassertemperatur erwärmt. Bei Beginn der nächsten Badeperiode drückt alsdann die Pumpe *P* den erwärmten Speicherinhalt durch die Leitung *3* den Brausen bzw. dem vorgeschalteten Verteiler zu.

Abb. 56. Grundschaltung 12. Die Grundschaltung für Heißwasserspeicher.

---

mende Schaltungsschema Abb. 57. Hier geht ein Teil des Abdampfes von Fördermaschinen zur Heißwasserbereitung, der Rest zum Rateau-Speicher, welcher seinerseits eine Niederdruck-Kondensationsturbine NT mit einem Abdampf-Gleichstrom versorgt. Die Anlage ist so berechnet, daß die Heißwasserbereitung für die Bäder einer Waschkaue die Spitzendampfmenge aufnimmt die der Rateau-Speicher abblasen müßte. Die Berechnung von Heißwasserspeichern bei stoßweise anfallendem Abdampfstrom ist in Band I, S. 215, gegeben worden.

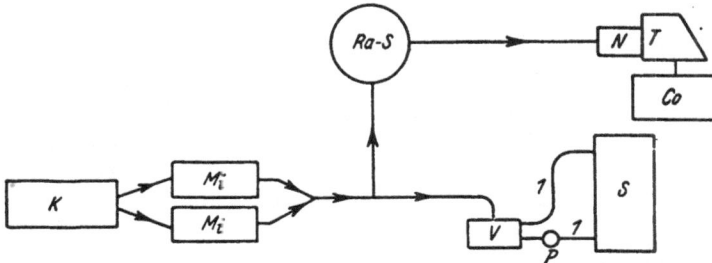

Abb. 57. Rateau- und Heißwasserspeicher in Parallelschaltung.

Von diesen grundsätzlichen Gedankengängen und von
den Grundschaltungen 8—12 ausgehend sind nun im folgenden
übliche Speicherschaltungen entwickelt worden, und zwar:

2. Für Ruths-Speicher,
3. » Rateau-Speicher,
4. » Heißwasserspeicher.

2. Schaltungen für Ruths-Speicher.

Der Ruths-Speicher ist von der Seite der Abwärme-
verwerteranlage aus betrachtet ein ebenso wesentliches Hilfs-
mittel für die Zulieferung eines gleichmäßigen Wärmestromes
wie der Rateauspeicher. Es seien an dieser Stelle kurz die
wirtschaftlichen Gedankengänge wiedergegeben, welche zu
der Entwicklung und zum neuzeitlichen Ausbau des Ruths-
Speichers geführt haben[1]).

Der Ruths- und Rateau-Speicher werden auch sehr oft
unter dem Namen Gefällspeicher zusammengefaßt, und zwar
alsdann im Gegensatz zu den Gleichdruckspeichern[2]), welche
für die Speicherung das Gefälle zwischen Speisewassertempera-
tur und der Siedetemperatur des Kessels ausnutzen. Sie werden
durch Dampf geladen und entladen, und die Speicherung
erfolgt im flüssigen Aggregatzustand unter einem der Siedetemperatur des Speicherinhaltes entsprechenden Druck. Da

---

[1]) S. a. Dr.-Ing. Pauer, »Aufgaben, Formen und Anwendungs-
gebiete von Energiespeichern«. Archiv für Wärmewirtschaft, Jahrgang 8, Heft 12. 1927.
[2]) S. V. d. I.-Taschenbuch, »Abwärmeverwertung zur Heizung
und Krafterzeugung« des Verfassers. V. d. I.-Verlag 1926.

sich der Druck des Dampfes beim Entladen in Abhängigkeit vom Speicherdruck ändert, nennt man solche Speicher „Gefällspeicher". Sie wurden für bestimmte Zwecke von Rateau ausgebildet, der sie mit geringem Gefälle als Ausgleich zwischen dem Auspuff stoßweise arbeitender Maschinen und dem gleichmäßigen Bedarf von Abdampfturbinen verwandte.

Ruths hat ihr Anwendungsgebiet außerordentlich erweitert. Während er zunächst zwar mit wesentlich größerem Druckgefälle als Rateau, aber vorzugsweise im Niederdruckgebiet arbeitete, hat sich die neueste Entwicklung der Ruths-Speicher auf immer höhere Dampfdrücke erstreckt. Die Vorteile der Gefällspeicher liegen hauptsächlich darin, daß sie praktisch unbegrenzt große Dampfmengen aufnehmen und abgeben und daß man dadurch beliebigen Schwankungen im Dampfverbrauch folgen kann, ohne die Dampfabgabe des Kessels zu verändern. Diese günstige Eigenschaft des Gefällspeichers kann sich aber nur dann voll auswirken, wenn der Dampfverbraucher auch sehr große Wärmemengen aufnehmen kann, wie z. B. die meisten Kocher, Trocknungs- und Heizanlagen.

In der Schaltung von Gefällspeichern in Kraftmaschinenanlagen hat sich eine gewisse Wandlung vollzogen. Während man bei den ersten Schaltungen vor allem den Drosselverlust zu vermeiden versuchte, daher mit verhältnismäßig kleinem Druckgefälle, also großem Speicher arbeiten mußte, zieht man heute Schaltungen vor, bei denen der Ruths-Speicher etwa zwischen 15 und 2 ata arbeitet. Dadurch wird die Speicherfähigkeit für 1 m³ Rauminhalt groß.

Auch in der Beurteilung der Wirtschaftlichkeit der Gefällspeicher vollzieht sich neuerdings eine Wandlung. Es wird nicht so sehr die Ersparnis durch besseren Wirkungsgrad betont, als die Vorteile der geringen Anlagekosten einer Speicheranlage gegenüber einer Kesselanlage von gleicher Leistungsfähigkeit. Anderseits wird meist bei Anlagen mit sehr hohem Spitzenverbrauch weniger auf die thermische Verbesserung der Anlage als auf die wirtschaftliche Gestaltung der Produktion Wert gelegt.

Diese wirtschaftlichen Gedankengänge bringen es auch mit sich, daß man die ursprüngliche Forderung unveränderter

Kesselbelastung während der ganzen Arbeitszeit, die unwirtschaftlich große Speicherabmessungen ergibt, fallen gelassen hat. Man paßt vielmehr die Feuerführung der Belastung allmählich an, nimmt die unvermutet auftretenden Spitzen mit dem Speicher auf und verwendet ihn gleichzeitig zur besseren Ausnutzung der Kesselanlage, indem man die höchsten regelmäßigen Spitzen abschneidet und die Täler ausfüllt.

Abb. 58 zeigt das Schaltungsschema im Kraftwerk der Hamburger Hochbahn und Abb. 59 die Ansicht der Speicheranlage[1]).

Zur besseren Übersicht sind im Schaltungsschema nur ein Kessel, ein Speicher und eine Turbine dargestellt.

Das Kraftwerk enthält heute vier Turbodynamos von 10000, 6000, 4000 und 2000 kW Leistung. Die Kesselanlage wurde, nachdem schon im Anfang des Krieges zwei 500-m²-Wasserrohrkessel hinzugekommen waren, um zwei 750-m²-Steilrohrkessel vergrößert. Aber die Leistung des Kraftwerkes

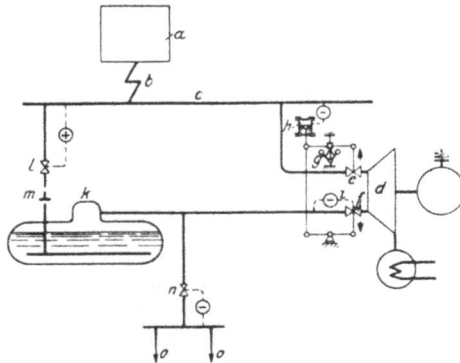

Abb. 58. Ruths-Speicher. Schaltung im Kraftwerk
der Hamburger Hochbahn.
Fr.D. = Frischdampf, Sp.D. = Speicherdampf.

a Kessel; b Überhitzer; c Hauptdampfleitung; d Fr.D.-Sp.D.-Turbine; e Fr.D.-Einlaß; f Sp.D.-Einlaß: g Drehzahlregler; h Fr.D.-Druckregler (öffnet e bei sinkendem Druck in c); i Sp.D.-Nachsteuerung (vergrößert e bei sinkendem Speicherdruck); k Ruths-Wärmespeicher; l ölgesteuerses Überströmventil (öffnet bei steigendem Druck in c); m Laderückschlagventil; n Druckminderungsventil für Heizdampf; o Heizdampfverbraucher.

---

[1]) Dr.-Ing. Mattersdorff »Ruths-Wärmespeicher im elektrischen Schnellbahnbetrieb. Archiv für Wärmewirtschaft, Jahrgang 8, Heft 12.

Abb. 59. Ansicht der Speicheranlage im Kraftwerk der Hamburger Hochbahn.
2 Speicher 16 ata, 2 × 165 m³ Inhalt, 3 m Durchmesser, 24 m Länge, Entladegrenzen 16 → 3,5 ata.

genügt noch nicht; zur Erhöhung der Bereitschaft für den Fall, daß die größte Turbodynamo ausfällt, und zur Steigerung der Gesamtleistung, die das Hinzukommen einer neuen Untergrundbahnlinie sowie die Vergrößerung des Wagenparkes erforderlich machen, sollen daher im nächsten Jahr die letzte 2000-kW-Turbodynamo durch eine von 10000 kW und die drei ältesten 425-m²-Kessel durch zwei Teilkammerkessel von je 600 m² ersetzt werden.

Den Heizdampf verwendet man im wesentlichen zur Heizung der Kocher in den Werkstätten und aller technischen und gesundheitlichen Heizanlagen, im Winter ferner zum Heizen der ausgedehnten Wagenhallen. Die von vornherein als Speicherturbine gebaute neue 10000-kW-Turbine besteht aus einem zweikränzigen Geschwindigkeitsrad, fünf einkränzigen, als Scheiben ausgebildeten Gleichdruckstufen und fünf ähnlichen Überdruckstufen; sie soll überhitzten Frischdampf und Speicherdampf (Sattdampf) verarbeiten, dessen Druck zwischen 16 und 6 (oder 3,5) ata schwankt. Da die erste Stufe als Curtisrad ausgebildet ist, so kann man gleichzeitig Frischdampf und Speicherdampf dem ersten Rad getrennt zuführen, so daß auch der Speicherdampf in jedem Fall durch die ganze Maschine strömt.

Die Speicheranlage wurde seinerzeit für eine Entladung von 16 auf 6 ata entworfen. Die Turbinensteuerung (Grenzregler f in Abb. 58) unterbrach selbsttätig die Speicherdampfzufuhr zur Turbine, wenn der Speicherdruck auf 6 ata gesunken war. Da jedoch der Dampfdruck hinter dem Curtisrad der Turbine nur bei sehr hoher Belastung an 6 ata herankommt, so ist diese starre Begrenzung auf Grund der neueren Erfahrungen nicht zweckmäßig; z. B. kann beim Eingreifen des Speichers als Augenblicksreserve, 1 at zusätzliches Druckgefälle den Betrieb retten.

Die Steuerung der zurzeit in Bau befindlichen 10000-kW-Turbine wird daher so ausgebildet, daß die Speicherdampfzufuhr erst dann unterbrochen wird, wenn der Speicherdruck unter rd. 3,5 ata sinkt oder sich bis auf einen geringen, einstellbaren Unterschied dem Druck hinter dem Curtisrad nähert.

Gegenüber der Heizanlage übernimmt der Ruths-Speicher die Rolle des bei Frischdampfbeheizung notwendigen Druckminderungsventils; es muß aber trotzdem noch ein solches für die Feinregulierung zwischen Ruths-Speicher und Heizanlage vorgesehen werden.

Abb. 60 zeigt den Einbau einer Ruths-Speicheranlage in das Dampfnetz einer chemischen Fabrik[1]). Es handelt sich um ein deutsches chemisches Werk, das nur in einer Schicht voll, in den beiden anderen dagegen nur teilweise im Betrieb ist.

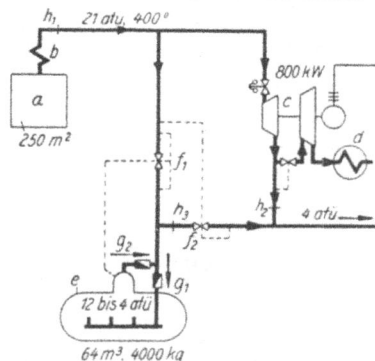

Abb. 60.   Ruths - Speicher - Schaltung in einer chemischen Fabrik.
a Kessel; *b* Überhitzer; *c* Turbodynamo; *d* Kondensator; *e* Speicher; *f* u. f_1 Überströmventile; g_1 u. g_2 Rückschlagventile; h_1 bis h_3 Dampfmesser.

Die MAN, Nürnberg, wurde 1925 beauftragt, Dampfverbrauchsmessungen durchzuführen. Diese ergaben immer etwa das gleiche Bild: sehr großen und unregelmäßigen Ver-

---

[1]) S. a. Schiebl, »Der Ruths-Speicher in chemischen Betrieben«. Archiv für Wärmewirtschaft. Jahrgang 8, Heft 12.

brauch während der Tagschicht, geringen, aber ebenfalls
sehr unregelmäßigen Verbrauch während der beiden anderen
Schichten. Abb. 61 zeigt das Diagramm des Gesamtdampf-
verbrauches vom 31. März 1925. Der Dampf von 22 ata und
400° Überhitzung wurde in zwei Piedboeufkesseln von je
250 m² Heizfläche erzeugt. Der mittlere Dampfverbrauch be-
wegte sich zwischen 6250 und 7500 kg/h, er sank aber bisweilen
infolge von Kesseldruckschwankungen von 22 bis 5 ata, wobei
die Kessel mitunter bis zu 25—30 kg/m²h belastet waren.

Der Dampfverbrauch zeigt in dem Diagramm vom 31. März
1925 (Abb. 61) z. B. eine Spitze von 11 270 kg/h, daneben
solche von 5400 kg/h und als geringsten Verbrauch 900 kg/h,
bisweilen jedoch überhaupt keine Dampfabnahme.

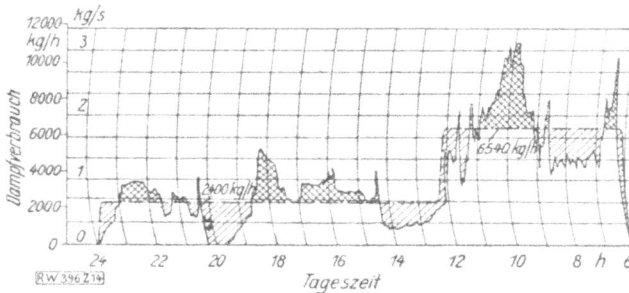

Abb. 61. Diagramm des Gesamtverbrauches (31. März 1925) einer
chemischen Fabrik vor Einbau einer Speicheranlage.

Das Diagramm zeigt also äußerst ungünstige Verhältnisse
im Kesselbetrieb. Während der Tagschicht mußten beide Kessel
im Betrieb bleiben, während der Nachtschicht war dagegen
nur ein Kessel im Betrieb und dieser eine war selbst bei weitem
nicht ausgenutzt.

Auf Grund dieser Feststellungen entschloß man sich,
den bisher aus dem Überlandnetz bezogenen Strom im Gegendruckbetrieb zu erzeugen und die Spitzen im Dampfverbrauch
durch Speicherung auszugleichen. Für den Speicher ergaben
sich 64 m³ Inhalt bei 4000 kg Speicherfähigkeit in Druck-
grenzen von 13—5 ata. Wie ferner das Diagramm der Abb. 61
zeigt, muß um 12⁰⁰ die Feuerführung wesentlich geändert
werden.

Der Speicher kam 1926 in Betrieb, zugleich auch eine MAN-Anzapf-Kondensationsturbine mit einem 800-kW-Dynamo. Die Schaltung des Speichers ist in diesem Falle sehr einfach (Abb. 60). Das Aufladen erfolgt durch Kesseldampf von rd. 22 ata bei 400° durch das Überströmventil f_1, das als Grenzregler mit drei Druckstößen ausgebildet ist. Es öffnet bei mehr als 22 ata in der Hauptdampfleitung, wenn der Speicherdruck unter 13 ata gesunken ist, oder wenn der Druck hinter dem Ventil unter 5 ata sinkt. Durch das andere Überströmventil f_2, einen Grenzregler, der auf zwei Druckstöße anspricht, wird der Anzapfdampf auf 5 ata erhalten. Der Niederdruckteil der Turbine wird durch einen Füllungsregler gesteuert.

Obwohl sich der mittlere Dampfverbrauch wegen Erweiterung des Betriebes auf etwa 9000 kg/h erhöht hat, so reichte selbst während der Tagschicht ein Kessel aus. Dieser wird allerdings zeitweilig mit 36 bis 42 kg/m²h beansprucht. Über Tag gibt der Speicher nur stoßweise Dampf ab; seine Aufgabe, den Betrieb mit Dampf zu versorgen, beginnt erst während der Nachtschicht nach Stillegung der Dampfturbine, insbesondere während der Arbeitsvorbereitung zwischen 2⁰⁰ und 3⁰⁰, bisweilen auch schon um 23⁰⁰.

In dieser Fabrik konnte durch den Speichereinbau die Heizfläche um 50 v. H. verkleinert und gleichzeitig das Ausbringen um rd. 30 v. H. gesteigert werden. Der Kesseldruck schwankt während der Tagschicht zwischen 20 und 23 ata, während der andern Schichten ist er wesentlich niedriger. Der gesamte Strombedarf wird im Gegendruckbetrieb erzeugt. Die Abnahme des Kohlenverbrauchs wurde auf 12 v. H. geschätzt.

3. Schaltungen für Rateau-Speicher.

a) Zur Krafterzeugung bei Dampfkraftanlagen und Verbrennungs-Kraftmaschinen.

Wo Rateau-Speicher hinter stoßweise arbeitenden Kraftmaschinen wie Dampfhämmer, Walzenzugmaschinen, Fördermaschinen, Pressen usw. angeordnet sind, speisen sie oft Abdampfturbinen. Man betreibt sie mit niederem Anfangsdruck von 2—1,0 ata. Bei 1,0 ata Zudampfdruck wird die

Turbine zur reinen Kondensationsmaschine, welche nur noch die Raumverdrängungsarbeit des Dampfes ausnutzt. Diese Abdampfturbinen haben sich dort eingebürgert, wo man Kondensationen infolge stoßweisen Anfalles des Abdampfes oder infolge sehr schwankender Abdampfmenge schlecht verwenden konnte. Es ist schwierig, bei stoßweisem Anfall Kondensationen im Dauerbetriebe derart abgedichtet zu halten, wie es zur Erzeugung einer hohen Luftleere notwendig ist. Hier bringt die Abdampf-Turbinenanlage, welche den Auspuffdampf der Hämmer und Pressen, Förder- oder Walzenzugmaschinen in einem Rateau-Speicher sammelt und danach in einer Abdampfturbine mit Kondensation ausnutzt, derartigen Nutzen, daß selbst ein etwa zum Ausgleich notwendig werdender Zusatz von gedrosseltem Frischdampf keine Rolle spielt.

Besonders wichtig aber ist der Rateau-Speicher bei Verbrennungskraftmaschinen, wenn dieselben mit Heißkühlung betrieben werden.

Das Kühlwasser von Verbrennungskraftmaschinen hat die Aufgabe zu erfüllen, die Temperatur der Wandungen des Verbrennungsraumes ein bestimmtes Maß nicht überschreiten zu lassen. Es umspült diese Wandungen und sorgt dafür, daß Wärmestauungen in denselben durch Schaffung eines gleichmäßigen Wärmestromes von dem mehrere hundert Grad heißen Gas im Zylinderinnern nach außen an das Kühlwasser vermieden werden. Dieser Wärmestrom entführt fortlaufend eine gewisse Wärmemenge dem Kraftprozeß. Augenscheinlich liegt aber die Temperaturstufe für diesen keineswegs in so engen Grenzen fest wie für den Kondensator von Dampfkraftmaschinen.

Der Kreisprozeß der Verbrennungskraftmaschine hat an sich keinerlei Einfluß auf die Temperaturstufe des ablaufenden Kühlwassers. Seine untere Stufe ist gegeben durch die Temperatur der angesaugten Luft. Die Höhe der Wassertemperatur hängt vielmehr einzig und allein davon ab, was nach Konstruktions- und Betriebserfahrungen den Wandungen des Verbrennungsraumes zugemutet werden darf.

Man hat es demnach bei Verbrennungskraftmaschinen an sich nicht notwendig, das Kühlwasser mit so niedriger Temperatur ablaufen zu lassen, wie beispielsweise aus dem

Kondensator einer Dampfkraftmaschine. Aus diesem Grunde läßt sich auch die Ausnutzung der Kühlwasserabwärme bedeutend einfacher bewerkstelligen, da man für den Ablauf des Kühlwassers diejenige Temperatur wählen kann, die für die beabsichtigte Ausnutzung gerade genügend hoch ist.

Die Grenze nach oben bildet nur die Betriebssicherheit der Kraftmaschine.

Außerdem hängt die Kühlwirkung nicht so sehr von der Temperatur des Kühlwassers als von einer sorgsamen, zweckentsprechenden Führung desselben durch die Kühlräume unter Vermeidung aller toten Ecken ab.

Von dieser Erkenntnis geht das Verfahren der Heißkühlung von Verbrennungskraftmaschinen aus, welches zuerst von Semmler vorgeschlagen und nach ihm benannt worden ist. Nach diesem Verfahren wird die Erhöhung der Temperatur ganz beträchtlich weit getrieben.

Während man gewöhnlich eine Kühlwasserablauftemperatur von nur 35—55° zuläßt, wird bei dem Heißkühlverfahren dieselbe bis auf 110—120° hinaufgedrückt. Dabei sind besondere Maßnahmen notwendig, um die Bildung von Dampf zu verhindern. Einmal würde die Kühlwirkung von Dampf überhaupt wesentlich schlechter sein als die von Wasser, dazu tritt aber vor allem die Gefahr der örtlichen Dampfbildung in Form von Dampfblasen. Diese würden an einzelnen örtlich eng begrenzten Stellen ganz beträchtliche Temperatursteigerungen hervorrufen und müssen daher sorgsam vermieden werden.

Ein Mittel, um die vorstehend beschriebene Dampfbildung zu vermeiden, besteht darin, daß man das Kühlwasser unter Druck durch die Kühlräume schickt. 110° Erwärmung entspricht einem Druck von 1,5 ata. Mit Rücksicht auf die Erfahrung jedoch, daß bei Atmosphärendruck schon von 65° ab die Bildung von einzelnen Dampfblasen beginnt, setzt man das Kühlwasser mit Hilfe einer Preßpumpe unter einen Druck von 4,5—5 ata. Auf diese Weise wird mit Sicherheit die Vermeidung von Dampfbildung auch an einzelnen Stellen und ein betriebssicheres Arbeiten der Maschine erreicht.

Das Verfahren der Heißkühlung besteht also nicht darin, daß der Unterschied zwischen Eintritts- und Austrittstemperatur des Wassers vergrößert wird, sondern in der Verlegung der gesamten Temperaturstufe nach oben. Erwärmte man also vorher das Kühlwasser von z. B. 25 auf 45°, so wird es bei Heißkühlung von z. B. 90 auf 110° erwärmt. Demnach liegt also auch die Eintrittstemperatur hoch, wobei der Temperaturunterschied und damit die Wassermenge dieselbe sein kann wie bei der Kaltkühlung.

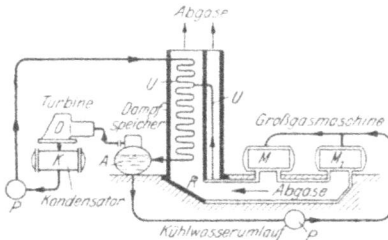

Abb. 62. **Schematische Darstellung des Semmler-Verfahrens.**

Nachdem eingehende Vorversuche auf der Zeche Prinz-Regent der jetzigen Vereinigten Stahlwerke die Möglichkeit erwiesen hatten, die Maschinen mit Heißkühlung fahren zu lassen, wurde im Jahre 1913 mit dem Ausbau einer größeren Anlage in Rombach nach dem Schema der Abb. 62 begonnen. Danach stellt die Anlage eine Zusammenschaltung von Abhitze- und Kühlwasserabwärmeverwertung dar. Das durch eine Pumpe den Kühlräumen der Zylinder M und M_1 einer Großgasmaschine zugedrückte und hier erwärmte Kühlwasser nimmt weitere Wärme aus den Auspuffgasen auf, indem es durch den Mantel der doppelwandig ausgeführten Auspuffrohre R hindurchgeführt wird. Danach tritt es in einen Abhitzeverwerter U, in welchem es den zur Esse strömenden Abgasen weitere Wärme entzieht und zuletzt unter Entspannung in einen Dampfspeicher A. Der hier durch Entspannung gebildete Dampf treibt eine Niederdruck-Kondensationsturbine O. Das Kondensat der Turbinenkondensation K wird unmittelbar dem Abhitzeverwerter U zugeführt, während das im Dampfspeicher nicht verdampfte abgekühlte Wasser wieder der Preßpumpe zufließt und von dieser durch die Zylinderkühlräume der Verbrennungskraftmaschine gepreßt wird usf.

Den Umfang der Anlage auf den ehemals Rombacher Hüttenwerken zeigt Abb. 63. Es wurden im ganzen 4 Großgasmaschinen von je 800 kW Leistung mit zusammen 8 Zylindern herangezogen. Die zentrale Preßpumpe ist in der

Schaltung mit P, die Zylinder mit M, die doppelwandigen Auspuffrohre mit R, die Abhitzekessel mit U, der Dampfspeicher mit S, die 400-kW-Turbine mit T und deren Kondensation mit Co bezeichnet.

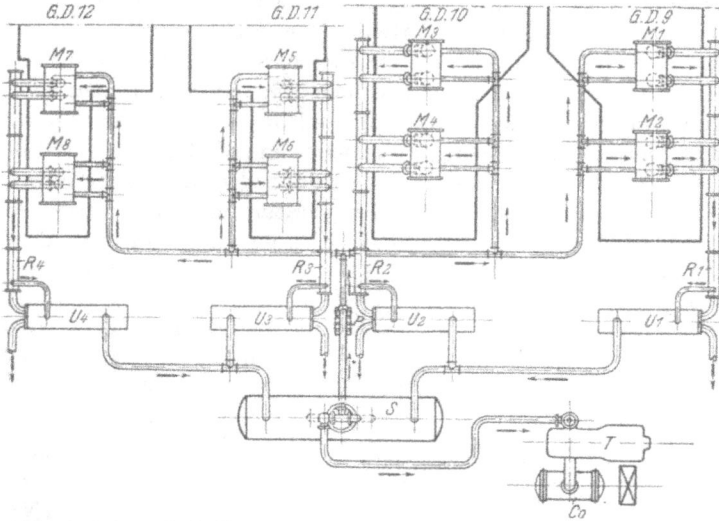

Abb. 63. Schematische Darstellung der Heißkühlanlage auf den ehemals Rombacher-Hüttenwerken.

Es muß an dieser Stelle darauf hingewiesen werden, daß man die Anlage in der vorstehend beschriebenen Form nach den heutigen Erfahrungen nicht mehr bauen würde. Die Verquickung der Heißwasser- mit der Abgasausnutzung kann insofern als nicht besonders glücklich bezeichnet werden, als die Abgase wirtschaftlicher zur Erzeugung von Hochdruckdampf in Abhitzekesseln verwendet werden. Man würde also heute die Ausnutzung des Heißkühlwassers besser getrennt vornehmen. Diese neueren Erkenntnisse ändern aber nichts an der Tatsache, daß die Anlage in Rombach durch den jahrelangen Betrieb eines großen heißgekühlten Maschinensatzes den vollen Beweis für die Brauchbarkeit des Heißkühlverfahrens erbracht hat, daneben aber noch die Gewißheit, daß nicht nur keine Nachteile mit diesem Verfahren verbunden sind, sondern daß dasselbe von günstigem Einfluß auf das Verhalten der Gasmaschinen im Betriebe war, vor allem in bezug auf die Haltbarkeit der Zylinder.

Es scheint nach den Erfahrungen an der Rombachanlage als ob (ungeachtet der dabei gewonnenen Wärmemengen) die Einführung der Heißkühlung bei Großgasmaschinen sich allein durch die betrieblichen Vorteile des elastischeren Ganges und der größeren Haltbarkeit lohnen würde. Die Erklärung für diese Tatsache dürfte wohl in dem Umstande zu finden sein, daß einmal durch die Drucksteigerung des Wassers eine Bildung von Dampfblasen völlig vermieden und dadurch die Kühlwirkung gleichmäßig wirksam wurde, zudem aber auch darin, daß bei dieser Anlage der Temperaturunterschied zwischen ein- und austretendem Wasser gering gewählt werden konnte, wodurch sich Spannungen besser vermeiden lassen als bei den oft erheblichen Temperatursteigerungen der normalen Kaltkühlung.

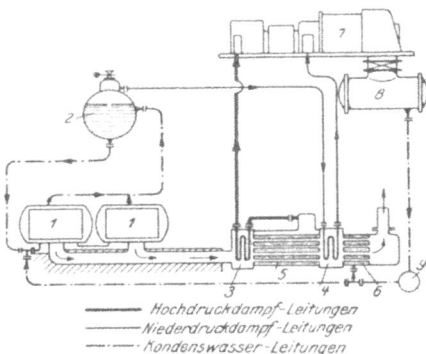

Abb. 64. Die MAN-Semmler-Schaltung für Abwärmeverwertung und Heißkühlung bei Großgasmaschinen.

Abb. 64 zeigt eine nach Skizzen der MAN[1]) schematisch entworfene sehr weit getriebene Abwärmeverwertung für eine Großgasmaschinenanlage. Die aus der Kraftmaschine mit 600—700° austretenden Abgase durchstreichen einen Abhitzekessel 5 und kühlen sich hier bis auf 150° ab. Die abgegebene Abwärme wird teilweise zur Dampfüberhitzung in den Dampfüberhitzern 3 und 4 und zum Teil in dem Dampfkessel 5 zur Erzeugung von Frischdampf von 12—15 ata ausgenutzt.

Der in 5 erzeugte hochgespannte Frischdampf durchströmt den Hochdrucküberhitzer 3, wird hier in der heißesten Abgaszone auf 300—400° überhitzt und dient als Zudampf für eine Zweidruckturbine 7.

[1]) Meyer, „Die Großgasmaschine in der deutschen Kraftwirtschaft". Z. d. V. d. I. 1924, Nr. 52.

Anderseits wird nach dem eben besprochenen Semmlerverfahren das überhitzte Kühlwasser im Dampfspeicher *2* auf 1,2 ata entspannt, dem Niederdrucküber hitzer *4* und nach stattgefundener Überhitzung der Niederdruck stufe der Zweidruckturbine zu geführt. Das im Kondensator *8* der Zweidruckturbine sich nieder schlagende Kondensat dient als Speisewasser für den Abhitze kessel *5* und für die Mantelküh lung der Zylinder *1—1* der Gas maschine bzw. zur Deckung der Wasserverluste im Dampfspeicher *2*. Es findet also bei der MAN-Anordnung ein Kondensatkreis lauf zur Vermeidung des wärme hindernden Steinansatzes statt.

Die Verbesserung des wärme wirtschaftlichen Wirkungsgrades der Großgasmaschine durch vor stehende Maßnahmen geht aus den drei Wärmeflußdiagrammen der Abb. 65 hervor. Sie zeigen, daß es bei der vorbeschriebenen Art der Abwärmeverwertung möglich ist, die ursprünglichen Verluste in den Abgasen und in der Kühlwasserabwärme bei Großgasmaschinen in Höhe von 79 v. H., bezogen auf die der Maschine zugeführte Gesamtwär me, bei zweckmäßiger Ausnut zung lediglich der Abgase auf 55 v. H. und bei einer Abgasaus nutzung, verbunden mit Heiß kühlung, sogar auf nur 23 v. H.

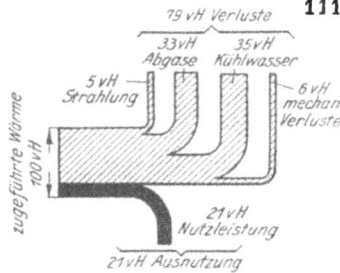

Diagramm 1
ohne Abwärmeverwertung.

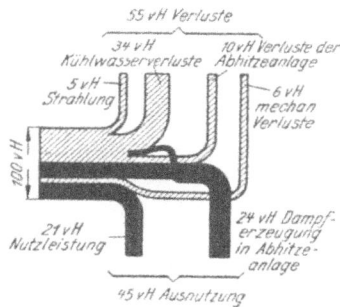

Diagramm 2
bei Verwertung der Abgaswärme.

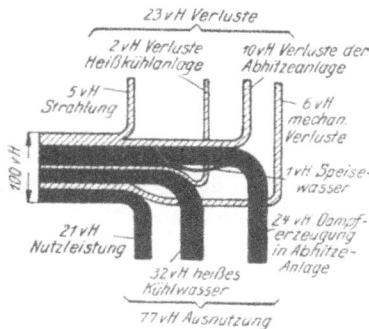

Diagramm 3
bei Verwertung der Abgas- und Kühlwasserabwärme.

Abb. 65. Die Verbesserung des wärmewirtschaftlichen Wirkungs grades von Großgasmaschinen bei alleiniger Ausnützung der Abhitze und bei zusätzlicher Ausnützung der Kühlwasserabwärme.

zu verringern, so daß der wärmewirtschaftliche Wirkungsgrad auf $\eta_w = 0,77$ erhöht wird. Das vorbeschriebene Verfahren kann natürlich auch auf Dieselmaschinen angewendet werden.

b) Zu Heizzwecken bei Dampfkraftanlagen.

Abb. 66 zeigt schematisch ein einfaches Ausführungsbeispiel für die Raumheizung einer Zechen-Waschkaue. Der Abdampf zweier Fördermaschinen M_1 und M_2 arbeitet auf

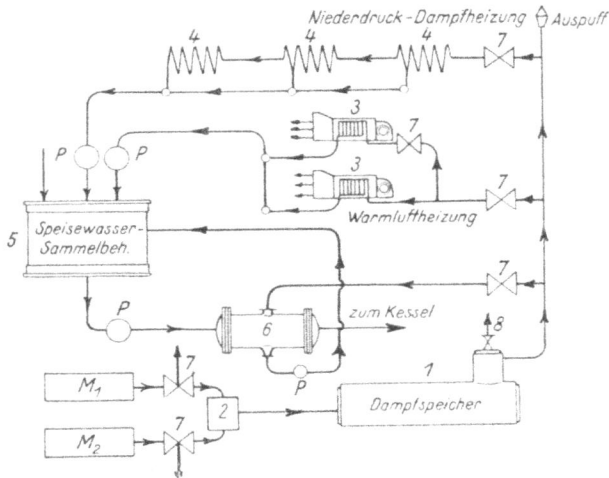

Abb. 66. Schematische Darstellung einer Raumheizung
für eine Waschkaue mit Rateauspeicher als Umformer.

einem Dampfspeicher *1*, welchem ein Entöler *2* vorgeschaltet ist. Der Speicher *1* versorgt die Warmluftventilatorheizung *3* der Kaue und außerdem eine Niederdruckdampfheizung *4* für die Steigerbureaus. Etwa nicht verbrauchter Abdampf wird in das Speisewasser des Behälters *5* übergeführt. Wenn auch im Sommer der Wärmebedarf der Anlage wesentlich geringer ist als in den Herbst- und Wintermonaten, so wird die Waschkaue doch das ganze Jahr über angewärmt, damit sich bei den von der Schicht kommenden Knappen bei Betreten derselben kein Kältegefühl einstellt. Die im Sommer zur Verfügung stehende Überschußwärme wird mit Hilfe eines Vorwärmers *6* in das Speisewasser übergeführt. Der Speicher ist mit einem

Sicherheitsventil *8* auszustatten, außerdem sind Regelorgane *7* in die Leitungsstränge einzubauen. Die Speisepumpen sind in den Abb. 66—68 mit *P* bezeichnet.

In diesem Ausführungsbeispiel einfachster Art erfüllt der Dampfspeicher nur den Zweck, den stoßweise anfallenden Abdampfstrom zur gleichmäßigen Speisung der Abdampfverwertungsanlage in einen Dampfgleichstrom umzuformen. Im folgenden Ausführungsbeispiel Abb. 67 soll der

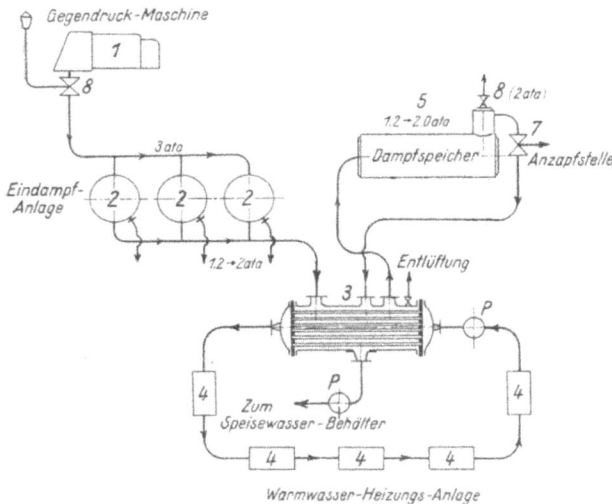

Abb. 67. Schematische Darstellung einer Pumpenheizung mit Rateau-speicher für Überschußwärme.

Speicher aber Überschußwärme aufspeichern und diese erst nach einer gewissen Zeit wieder an das Wärmenetz abgeben.

Eine Gegendruckmaschine *1* arbeitet mit 3 ata Endspannung auf eine Eindampfanlage *2*. Er verläßt diese zum Teil wieder mit 1,2—2 ata. Diese Restdampfmenge arbeitet auf den Vorwärmer *3* einer Warmwasserheizungsanlage *4*. Der von der Heizanlage im Augenblick nicht aufgenommene Abdampf arbeitet auf einen Rateau-Großwasserraumspeicher *5* der vorbeschriebenen Ausführung und wird hier bis zu seiner Wiederverwendung gespeichert. Hier wirkt der Rateau-Speicher nicht als Umformer, sondern als reiner

Zeitspeicher. Die Armaturen haben die [gleiche Bezeichnung wie in Abb. 66.

Sehr oft geht nun bei Zechen, Walzwerken, Badeanstalten, Schlachthöfen u. a. m. neben der Heizungsanlage eine Warmwasserbereitungsanlage her. In diesem Falle könnte z. B. der Speicher der Abb. 66 auch auf den Vorwärmer der Warmwasserbereitung arbeiten oder es könnte der Vorwärmer, wie Abb. 68 zeigt, zu der angehängten Mischkonden

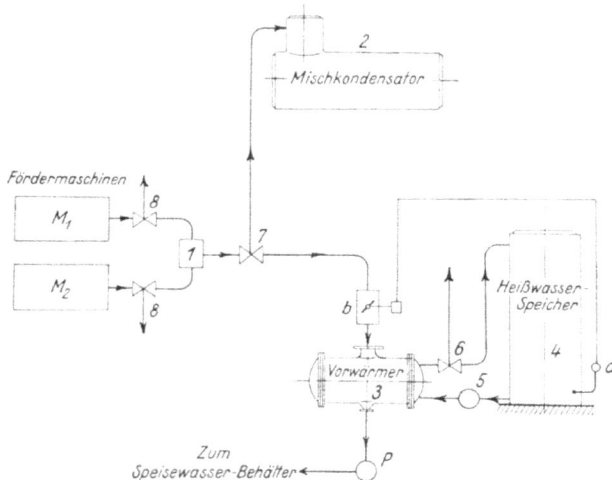

Abb. 68. Abdampfverwertungsanlage mit Heißwasserspeicher
für intermittierend arbeitende Kolbendampfmaschinen.

sation parallel geschaltet werden. In diesem Falle wird in die Abdampfleitung nach dem Entöler 1 und parallel zu der sich beispielsweise barometrisch entwässernden Mischkondensation 2 der Vorwärmer 3 der Warmwasserbereitung geschaltet, welcher seinerseits auf einen Heißwasserspeicher 4 arbeitet, nach Schaltungsschema Abb. 56.

4. Schaltungen für Heißwasserspeicher.

Abb. 69 zeigt eine Schaltung für eine Warmwasserbereitungsanlage unter Verwendung des Abdampfes von

Hilfsturbinen, welche der Grundschaltung 12, Abb. 56 für
Heißwasserspeicher genau entspricht.

In einer Anlage nach Abb. 69 wird der Abdampf der Hilfsturbine *3*, welche das Pumpwerk der Kondensation *2* der
Hauptturbine *1* antreibt, durch den Oberflächen-Vorwärmer *4*
geleitet, an welchen in der besprochenen Weise die Warmwasserbereitung — bestehend aus dem Speicher *5* der Pumpe *P* und

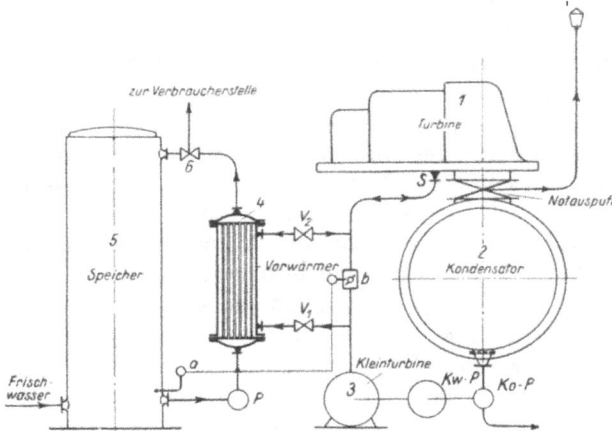

Abb. 69. Schaltungsschema einer Warmwasserbereitungsanlage unter
Verwendung des Abdampfes von Hilfsturbinen (BBC-Schaltung).

nebst den zugehörigen Rohrleitungen aus dem Dreiwegventil *6*
— angeschlossen ist (s. a. Grundschaltung 12 Abb. 56). Der
Vorzug dieser der BBC geschützten Anordnung gegenüber
einer solchen nach Abb. 68 ist die Ausnutzung eines gleichmäßigen, ölfreien Abdampfstromes unter Rückgewinnung der
Überschußdampfmengen der Hilfsturbine zur Arbeitsleistung
in der Hauptturbine[1]).

Die Arbeitsweise ist folgende: Benötigt der Vorwärmer *4*
mehr Dampf als die Hilfsturbine *3* augenblicklich abgibt, so

---

[1]) Näheres über die Verwertungsmöglichkeiten des Abdampfes
bei Dampfkraftmaschinen s. Buch des Verf. „Die Kondensatwirtschaft", Anhang. Oldenbourg-Verlag 1927, sowie Buch des Verf.
„Abwärmeverwertung zur Heizung und Krafterzeugung", VdI-
Verlag 1926, S. 17—25.

kommt bei genügender Bemessung der Oberfläche des Vorwärmers eine entsprechende Dampfmenge aus der Hauptturbine *1* hinzu. Gibt die Turbine *3* mehr Dampf als der Vorwärmer aufnimmt, so fließt der überschüssige Restdampf der Turbine *1* zwecks weiterer Arbeitsleistung zu. Aus der Dampfzapfstelle *S* im ersten Betriebsfalle wird im zweiten Falle eine Zudampfstelle. Dazwischen liegend ist zuletzt der Fall möglich, daß die Hilfsturbine *3* gerade soviel Abdampf liefert als der Vorwärmer im Augenblick benötigt, die Funktionen der Zapfstelle *S* der Hauptturbine schalten dann aus.

Natürlich muß die Anlage entsprechend der durch die Vorwärmung steigenden Temperatur des umlaufenden Speisewassers regelbar gestaltet werden. Zu diesem Zweck öffnet sich die mit Hilfe eines Fernthermometers *a* gesteuerte Drosselklappe *b* der Umführungsleitung mit steigender Speichertemperatur mehr und mehr und ist ganz geöffnet, wenn die gewünschte Heißwassertemperatur erreicht ist.

In dem Augenblick des vollkommenen Öffnens der Drosselklappe *b* schließen sich die Schieber V_1 und V_2 automatisch und die Warmwasserbereitungsanlage ist nun vom Dampfnetz abgeschaltet.

Die Abb. 70 zeigt in schematischer Darstellung eine Lösungsmöglichkeit, die anfallende Abgaswärme von Retortenöfen oder ferngeleitetes Kraftgas o. dgl. zur Erzeugung von Heizwasser für zwei Fernheizungen auszunutzen. Der eine Fernheizstrang versorgt die in der Nähe der Zeche liegenden Beamtenhäuser mit Wärme, der andere Strang führt zu dem

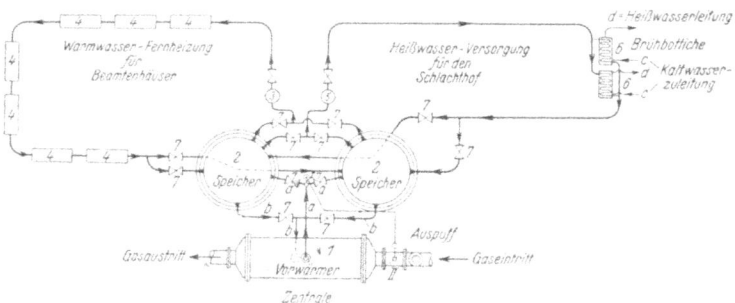

Abb. 70. Schaltungsschema für einen kombinierten Ausgleich- und Zeit-Warmwasserspeicher mit Abgasverwerter für zwei Fernheizungen.

nahe gelegenen Schlachthof und dient seinerseits wieder zur Heißwassererzeugung für die Brühbottiche, und zwar an Ort und Stelle in besonderen Oberflächen-Wärmeaustauschern zur Vermeidung direkter Wasserverluste, um zur Verhinderung von Steinansatz im Abgasverwerter und im Heizsystem stets das gleiche Umlaufwasser in der Anlage zu erhalten.

Die Heißwassererzeugungsanlage besteht aus dem Abgas-verwerter *1* und zwei parallel auf diesen arbeitende Speicher *2*. Die Anlage ist so entworfen, daß je nach Bedarf beide Speicher ganz oder teilweise auf beide Fernheizanlagen arbeiten können. Diese Vorkehrung macht zwei Pumpengruppen *3* und *5* er-forderlich, das Schaltungsschema und die notwendigen Regel-organe *7* sind aus der Abb. 70 ersichtlich.

Die Speicher haben hier die Aufgabe zu erfüllen, die an-fallende Abwärme der Abgase besonders im Nachtbetriebe — also bei teilweiser Aussetzung der angeschlossenen Fern-heizungen — für den folgenden Tagesbetrieb in einem Maße aufzuspeichern, daß während des Tagbetriebes auch bei stärkerer Inanspruchnahme der Heizung genügend Heißwasser bereit-gestellt ist. Demzufolge sind die Speicher in ihren Abmessungen so zu wählen, daß der Wasserinhalt während des Nachtbetriebes soviel Wärme aufspeichern kann, daß alle Anforderungen in der Abgabe von Wärme während des Tagesbetriebes erfüllt werden können. Neben dieser Aufgabe haben die Speicher am Tage eine vermittelnde Rolle zwischen Wärmeanlieferung durch den Abgasverwerter und Wärmebelieferung an die Verbraucherstationen zu spielen, d. h. sie sind zugleich Zeit-und Ausgleichspeicher.

Die Anlage arbeitet im übrigen wie folgt:

Die mit einer Temperatur von $\sim 600^0$ eintretenden heißen Abgase wärmen das zwischen Speicher und Abgas-verwerter umlaufende Wasser auf etwa 90^0 an, wobei sie sich auf $\sim 200^0$ abkühlen. Das in dem (als Gegenstromvorwärmer ausgebauten) Abgasverwerter erwärmte Wasser beginnt in-folge des natürlichen Auftriebes innerhalb des völlig mit Wasser gefüllten Systems umzulaufen und tritt mit $\sim 90^0$ durch die Leitung *a* oben in die beiden parallel geschalteten Speicher ein, während das von der Leitung mit etwa 60^0 unten in die

Speicher eintretende Rücklaufwasser in gleichem Maße durch die Zuleitung *b* von unten in den Vorwärmer einströmt. Der Vorteil dieser Anordnung liegt darin, daß bei dringenden Bedarfsfällen sofort das gewünschte Heißwasser aus dem oberen Teil der Speicher entnommen werden kann, ohne erst den ganzen Inhalt der Behälter erwärmen zu müssen. Die Speicher können zu diesem Zwecke mehrere mit Zonenthermometer versehene Anzapfstellen erhalten, an denen sich die Wassertemperaturen in den verschiedenen Höhenlagen im Speicher leicht ablesen lassen.

Wird tagsüber durch stärkere Inanspruchnahme von seiten der Verbraucherstationen das Wasser durch die Umwälzpumpen schneller umgepumpt, so wird sich allmählich das Rücklaufwasser in den Speichern anstauen. Das Heißwasser wird dadurch in den Speichern nach oben und den beiden Pumpen zurückgedrückt, während der Vorwärmer *1* weiter arbeitet. Es wird in solchem Falle von der nachgeschalteten Heizanlage am Tage mehr Wärme verbraucht als der Vorwärmer dem Umlaufwasser zuführt. Nunmehr müssen die Speicher mit der in der voraufgegangenen Nacht aufgespeicherten Wärme die am Tage geforderte Zuschußwärme decken.

Es kann aber auch umgekehrt ein geringerer Wärmebedarf der Verbraucherstellen eintreten. Als Folge würde sich bei gleichbleibender Wärmebelieferung durch die Abgase eine erhöhte Wassertemperatur einstellen, welche zur Dampfentwicklung führen könnte. Zur Verhinderung des Eintretens dieses unzulässigen Zustandes wird in die Gaszuführungsleitung eine Drosselklappe II eingebaut, welche durch ein im Kugelstück der Heißwasserleitung *a* eingebautes Fernthermometer I betätigt wird. Bei normalem Betrieb und einer Wasservorlauftemperatur von ∼ 90⁰ ist die Drosselklappe vollkommen geöffnet, während bei steigender Wassertemperatur über 90⁰ hinaus die Drosselklappe sich schließt und die Abgase durch eine Abzweigleitung zum Auspuff abgeführt werden.

Es ist auch möglich, die Abwärme des Kühlwassers von Gaskühlern, Retortenöfen und Ammoniakkühlern für die Zwecke der Warmwasserbereitung für Waschkauen und Fernheizungen auszunutzen. Vor allen Dingen kommen hier die

Gas- und Ammoniakkühler in Betracht. Es sei hier ein Schulbeispiel herausgegriffen, welches sinngemäß auch auf alle Vorrichtungen ähnlicher Art übertragen werden kann. Die Maschinenbau A. G. Balcke, Bochum, hat für die Arenbergsche Zeche Prosper I eine Kühlwasser-Abwärmeverwertung gebaut, bei welcher das in einem Gaskühler erwärmte Wasser zur Warmwasserbereitung für zwei Waschkauen ausgenutzt wird. Abb. 71 zeigt den Lageplan und Abb. 72 die ausgeführte Verwerteranlage.

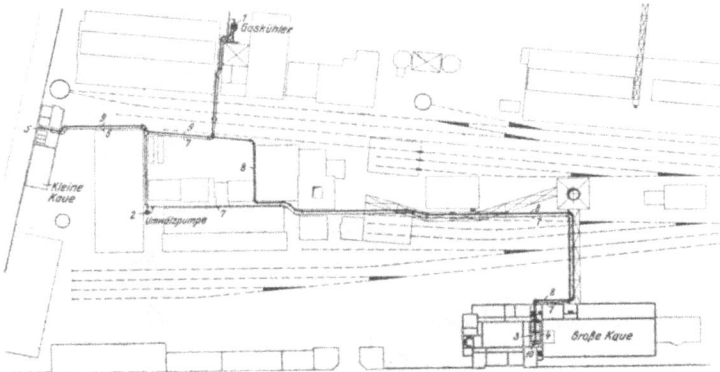

Abb. 71. Lageplan der Warmwasserbereitungsanlage unter Ausnutzung der Abwärme von Gaskühlern auf der Arenbergschen Zeche Prosper I, geliefert von der MAG. Balcke-Bochum.

Das für Badezwecke in der kleinen und großen Kaue benötigte warme Wasser wird in dem Gaskühler *1* vorerst auf eine Heißwassertemperatur von 90⁰ erwärmt. Zu diesem Zwecke ist in einem Anbau zwischen Hauptmaschinenhalle und Kesselhaus eine Umwälzpumpe *2* aufgestellt, die das kalte Wasser aus den im Keller der großen Kaue untergebrachten Heißwasserspeichern *3* und *4* ansaugt, durch den Gaskühler drückt und von hier aus erneut den Speichern zuführt, in welchen es bis zum Verbrauch in der Waschkaue gespeichert wird. Nach der kleinen Kaue zweigt von der Warmwasserleitung vom Gaskühler zu den Speichern der großen Kaue eine Leitung ab, die das warme Wasser je nach Bedarf der kleinen Kaue zuführt. Eine besondere Speicherung ist hierfür wegen der hier nur benötigten geringen Wassermenge nicht

erforderlich. Die vorgesehene Warmwasserzuflußleitung ist
so bemessen, daß auch beim Öffnen sämtlicher vorhandenen
Brausen stets warmes Wasser in genügender Menge fließt.
Damit das warme Wasser in der Zeit, in welcher keine Wasser-

Abb. 72. Ein zum Heißwasserbereiter umgebauter Gaskühler der
Arenbergschen Zeche Prosper I.

entnahme stattfindet, nicht in der Leitung ruht und sich somit abkühlt, ist kurz vor dem Mischventil *5* in der Kaue eine
Zirkulationsleitung *6* von 1″ angeschlossen, die unmittelbar
zum Saugstutzen der Umwälzpumpe führt. Auf diese Weise
wird in der Warmwasserzuflußleitung stets eine Umwälzung
stattfinden, so daß beim Zapfen sofort warmes Wasser austritt.

Durch die Kaltwasserzuflußleitung fließt den Speichern selbsttätig solange kaltes Wasser zu, bis der in dem Kaltwasserzusatzgefäß angebrachte Schwimmer in seiner höchsten Lage angelangt ist und dadurch das Kaltwasserzuflußventil absperrt. Das ganze System steht somit unter einem Wasserdruck entsprechend der Aufstellungshöhe dieses Kaltwasserzusatzgefäßes; dieselbe ist bestimmt durch die Höhe des Gaskühlers und der Brausen. Das Zusatzgefäß muß so hoch angeordnet sein, daß das Wasser mit genügendem Druck aus letzterem abfließt. Das kalte Wasser wird durch eine unten an die Speicher angeschlossene Leitung, von welcher außerdem die Pumpensaugleitung abzweigt, diesen gleichmäßig zugeführt. Durch diese Anordnung wird erreicht, daß beim Nachfließen von kaltem Wasser während des Brausens, dieses zum großen Teil von der Pumpe unmittelbar angesaugt wird und somit nicht erst in die Speicher treten und sich hier mit dem Heißwasserinhalt mischen kann.

Die Pumpe saugt das kalte Wasser aus dem Behälter, bzw. beim Brausen sofort aus der Kaltwasserleitung an und drückt es zur Erwärmung in den Gaskühler und von dort durch die in der Mitte über beiden Behältern liegende Warmwasserzuleitung 8 in die Speicher 3 und 4. Solange kein warmes Wasser aus den Brausen entnommen wird, wird auf diese Weise der gesamte Wasserinhalt der Speicher durch den Gaskühler gedrückt und auf die erforderliche Temperatur von 90° erwärmt. Beim Öffnen der Brausen tritt das Heißwasser durch die Warmwasserleitung 9, welche an den dem Kaltwassereintritt entgegengesetzten Enden oben auf den Behältern angebracht ist, in den Mischapparat, wird hier unter Zusatz von Kaltwasser auf die erforderliche Badetemperatur gebracht, um dann durch den Verteiler und die einzelnen Zuleitungen den Brausen zuzufließen. Damit verhütet wird, daß bei ungleicher Entnahme von heißem Wasser aus den Behältern das Heißwasser eines Behälters früher verbraucht ist als das des anderen, ist unter dieser Heißwasser-Entnahmeleitung noch eine besondere Ausgleichleitung 10 vorgesehen, die lediglich bewirkt, daß sich das Kalt- und Heißwasser in beiden Behältern (infolge des Gewichtsunterschiedes) vollkommen gleich einstellt. Durch die Entnahme von Wasser aus den

Behältern tritt von dem Kaltwasserzusatzgefäß kaltes Wasser in die Behälter, wobei der Wasserspiegel in ersterem fällt. Der abfallende Wasserspiegel öffnet ein Schwimmkugelventil, welches Kaltwasser nachfließen läßt, womit der Kreislauf von neuem beginnt. Um eine zu hohe Erwärmung des Wassers zu vermeiden, ist eine selbsttätige Regelung in der Weise vorgesehen, daß die in die Gaszuleitung zu dem Gaskühler für die Heißwasserbereitung eingebaute Drosselklappe geschlossen wird, sobald die Warmwassertemperatur in der Zulaufleitung zu den Speichern die Maximaltemperatur übersteigt, während eine in die Gaszuleitung zu dem nächsten Kühler eingebaute Drosselklappe geöffnet wird, bzw. umgekehrt, wenn die Temperatur in der Zuflußleitung zu den Speichern fällt. Hierdurch werden die Temperaturen zwischen den eingestellten Begrenzungen konstant gehalten. Dies ist einmal erforderlich, um unangenehme Temperaturschwankungen beim Brausen zu verhüten, in der Hauptsache aber, um zu vermeiden, daß das Wasser in dem Gaskühler auf eine Temperatur von über 100^0 C erwärmt wird, womit Dampfbildung auftreten würde, welche zu unangenehmen Betriebsstörungen Veranlassung gibt.

Da die Kühlwasserabwärme 90^0 C hat, ist es auch möglich, neben der Heißwasserbereitung das Kühlwasser zu Heizungszwecken auszunutzen. Allerdings fällt im Sommer der größte Teil der Heizung fort, aber es ist möglich, das heiße Wasser anderen Zwecken, z. B. zur Herstellung von Destillat nutzbar zu machen und hierdurch das warme Wasser auf eine normale Eintrittstemperatur in den Gaskühler abzukühlen. Hiervon wird im 3. Bande dieses Werkes die Rede sein.

Zuletzt sei in Abb. 73—75 eine Abdampfverwertung mit Heißwasser und Dampfspeichern gebracht, welche für die Ballestremsche Wolfganggrube zur Ausführung gekommen ist, und die kennzeichnend ist für die oberschlesischen Verhältnisse[1]).

Abb. 73 zeigt den Apparateraum mit den Vorwärmerbatterien der Verteilerstation und den Speichern. Abb. 74 gewährt einen Blick in den Apparateraum. Im Vordergrunde

---

[1]) Siehe Gesundheits-Ing. Heft 28 Jahrgang 1927, Verlag R. Oldenbourg, München-Berlin.

sieht man 4 Warmwasserbereiter, dahinter die Speisepumpenstation, Wasserstandsanzeiger und Luftansaugevorrichtung.

Abb. 75 zeigt den Lageplan der Heizungsanlage. Auf
dieselbe arbeiten zwei Fördermaschinen in entgegengesetzter
Richtung mit verschiedenen Auspuffdrücken. In diesem Falle
ist es notwendig, durch injektorartiges Einführen beider Ab-

**Abb. 74. Blick in die Abdampfverwertungsanlage
der Wolfganggrube in Beuthen O.-S.**
Im Vordergrund vier Warmwasserbereiter, dahinter
Speisepumpenstation, Wasserstandsanzeiger und
Luftansaugevorrichtung.

dampfleitungen in einen gemeinsamen Sammler die Betriebssicherheit aufrechtzuerhalten. Puffen — wie im vorliegenden
Falle — zwei Fördermaschinen in die entgegengesetzten Enden
einer gemeinsamen Leitung, an welche verschiedene Ver-
wertungsanlagen angeschlossen sind, so kann man den Druck-
unterschied durch Einbau einer Düse in diese Leitung aus-
gleichen. Der Dampf mit höherer Spannung expandiert als-

dann in der Düse auf den Auspuffdruck der anderen Maschine, während durch Geschwindigkeitserhöhung beim Durchströmen in entgegengesetzter Richtung der größere Gegendruck erreicht werden kann.

Bei der vorliegenden Verwertungsanlage sind parallel zu den Warmwasserbereitern zwei Abdampfspeicher sowie eine Abdampfheizungsanlage geschaltet. Das im Apparateraum erzeugte Wasser findet zu Heiz- und Badezwecken Verwendung.

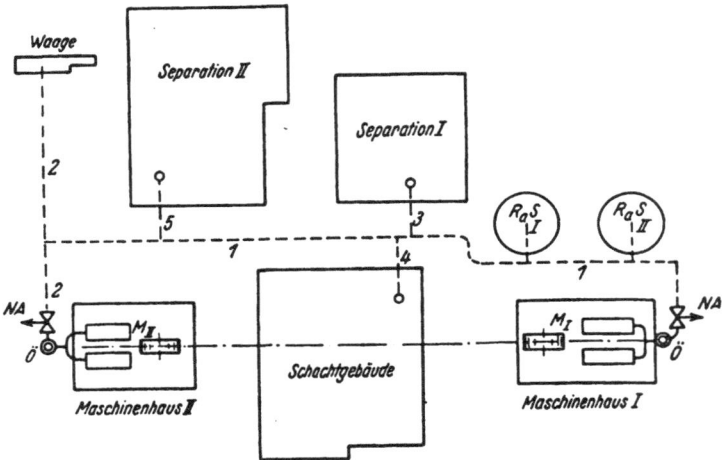

Abb. 75. Lageplan der Abdampfverwertungsanlage auf der Wolfganggrube in Beuthen O.-S.

Meistens steht auf den Zechen soviel Abwärme zur Verfügung, daß die Verwendung derselben zur Beheizung in der Zeit, zu der die Förderung stillsteht, verlangt wird. Hierzu schaltet man einen Warmwasserspeicher ein und wählt die Verbindung mit der Pumpenheizanlage derart, daß Speicher und Warmwasserbereiter sowohl parallel zueinander, als auch hintereinander geschaltet werden können. Damit wird das Laden während der Heizperiode und das Entladen durch die Umwälzpumpe möglich. Abb. 73 zeigt die notwendige Schaltung. In den ersten Morgenstunden läßt man durch Öffnen der Schieber *1* und *2* sowie Schließen von *3* und *4* das Heizwasser bloß die Apparate durchströmen, da sich in dieser Zeit angestrengte Förderung und Ein- und Ausfahren der Beleg-schaft mit höchstem Wärmebedarf der Heizungen deckt. Dieser Wärmeverbrauch fällt des Vormittags mit steigender Außentemperatur, so daß durch Öffnen der Schieber *1* und *4* sowie durch Drosseln von *2* das Laden des Speichers vorge-nommen werden kann. Das warme Wasser gelangt von oben in den mit abgekühltem Wasser angefüllten Kessel und drückt dieses zum Vorlaufverteiler und in die Heizungen.

Bei Anlagen, die Nachts keine Fahrten ausführen, stellt man durch Öffnen von *3* und *2* sowie Schließen von *1* und *4* den Entladezustand des Speichers zur Nachtzeit her. Auf diese Weise gelangt jeweils das wärmste Wasser aus dem obersten Teile des Kessels in die Heizung, während sich das abgekühlte Wasser im unteren Teile sammelt.

Auf vielen Zechen arbeiten die Fördermaschinen aber auch nachts oder es bleiben Fördermaschinen für Revisionsdienst, Reparaturen und anderem nachts in Betrieb. In diesem Falle läßt man die Ladestellung auch zum Entladen bestehen.

Es empfiehlt sich, in dem untersten Teile eines Warm-wasserspeichers ein Heizregister einzubauen und an die Ab-dampfleitung anzuschließen, um die Wärmeverluste des Speichers durch Strahlung und Leitung auszugleichen und eine fast gleichmäßige Temperatur im Speicher während des Ruhe-zustandes herzustellen. Die in die Anlage eingebauten Abdampf-speicher haben lediglich die Aufgabe, den stoßweise anfallenden Abdampf in einen Abdampfgleichstrom zur gleichmäßigen Beheizung der Gegenstromwarmwasserbereiter umzuformen.

Wie wichtig für die Wirtschaftlichkeit der Gesamtanlage oft der noch nachträgliche Einbau von Heißwasserspeichern sein kann, zeigt folgendes aus der Praxis entnommene Bei-spiel[1]).

Die Badeanstalt I der Stadt Münster hat in den frühen Morgenstunden einen sehr hohen Wärmebedarf, weil der große Schwimmbehälter von 380 m^3 Inhalt täglich mit Frischwasser gefüllt werden muß. Da das Frischwasser 10^0 mittlere Tempe-ratur hat, während für das Badewasser im Mittel 25^0 erforder-lich sind, so beträgt der Wärmebedarf 5,7 Mill. kcal. Um 8^{00}

---

[1]) H. Freckmann, Gesundheits-Ingenieur, Bd. 50, 1927, S. 847.

wird die Badeanstalt geöffnet; da zwei Flammrohrkessel mit zusammen 100 m² Heizfläche zur Verfügung stehen, deren Anheizzeit mindestens 1½ bis 2 h und deren Höchstlast 25 kg/m²h beträgt, so müssen die Kessel schon um 2⁰⁰, spätestens 2³⁰ angeheizt werden.

Sobald das Schwimmbecken aufgefüllt ist, läßt der Wärmebedarf stark nach. Die Wannenbäder erfordern von 8⁰⁰ bis 13⁰⁰ und die Brausebäder von 15⁰⁰ bis 19⁰⁰ nur wenig Dampf, so daß die Belastung von 25 auf 11 kg/m²h zurückgeht. In der Mittagszeit von 13⁰⁰ bis 15⁰⁰ wird ein kleiner Speicherkessel von 10 m³ Inhalt aufgeladen; die Kesselbelastung beträgt in dieser Zeit nur 5,5 kg/m²h.

Somit ergeben sich mehrmalige sehr starke Schwankungen in der Belastung der Kessel; namentlich die starke Überlast in den Morgenstunden ist sehr ungünstig. Man entschloß sich daher, um eine gleichmäßige Kesselleistung von etwa 18,5 kg/m²h zu erzielen, einen großen Warmwasserspeicher aufzustellen, der in der eigentlichen Betriebszeit von 8⁰⁰ bis 19⁰⁰ die überschüssigen Wärmemengen aufnimmt und sie in den Morgenstunden abgibt.

Als Speicher wurde ein schmiedeiserner, gebrauchter Behälter (13 × 3 × 2,2 m³) mit 7 mm Wanddicke und innerer Verankerung verwendet. Durch eine 15 cm dicke Torfmullisolierung innerhalb einer gefederten allseitigen Holzverschalung erreichte man, daß die Wärmeverluste außerordentlich gering sind (in 30 h 1⁰ Temperaturabfall).

Die bisherigen Betriebserfahrungen sind sehr günstig; durch die gleichmäßige Kesselbelastung und den weit besseren Wirkungsgrad sowie durch Verkürzung der Anheizzeit wurden etwa 15 v. H. Brennstoff und erhebliche Lohnkosten eingespart.

Abschnitt V.

Die neuzeitlichen Heizungs-Kraftmaschinen für hohe und höchste Drücke.

In dem Abschnitt III und IV ist auf den konstruktiven Aufbau sowie auf die Betriebsbedingungen der Heizungs-Kraftmaschinen nicht eingegangen worden, um die klare Grundlinie der Entwickelung des Aufbaues der Abwärmeverwertungsanlagen selbst — und zwar eine aus der anderen — nicht zu verlassen. Das an obiger Stelle Versäumte wird in diesem Abschnitt nachgeholt.

Als Heizungs-Kraftmaschinen kommen Kolbendampfmaschinen und Dampfturbinen in ihren verschiedenen Abarten in Frage als Gegendruck-, Entnahme- und kombinierte Maschine. Der leitende Gedanke ist den Kondensator mit seinen enormen Wärmeverlusten aus der Dampfkraftanlage herauszunehmen und ihn durch eine wärmenutzende Anlage irgend welcher vorbeschriebener Art zu ersetzen. Verfasser kann der Kolbenmaschine — bei voller Berücksichtigung ihrer Vorteile — aus dem schon in Abschnitt I erwähnten Umstande keine große Zukunft beimessen, als es bei ihr unmöglich ist ein so vollkommen ölfreies Dampfkondensat zurückzugewinnen, wie es der neuzeitliche Dampfkraftbetrieb unbedingt erfordert.[1] Es wird aus diesem Grunde auch bei den nachfolgenden Erörterungen der Turbine der Vorzug gegeben.

1. Theoretische Grundlagen.

Für die Heizungs-Kraftmaschinen spielt nicht nur die Leistungsfähigkeit des Dampfes, sondern auch seine Heizfähigkeit beim Austritt aus der Kraftmaschine eine Rolle. Unter Heizfähigkeit ist der Unterschied zwischen dem Wärmeinhalt des Dampfes und der Flüssigkeitswärme beim Heizdruck zu verstehen. Es wäre ein Fehler den Wärmeinhalt von Ab-

---

[1] S. Kondensatwirtschaft des Verfassers. Abschnitt 4. Verlag R. Oldenbourg, München-Berlin 1927.

128

dampf oder Entnahmedampf der Heizfähigkeit gleichzusetzen, da weder bei Oberflächenheizapparaten, noch bei Mischkochern, abgesehen von der Anheizperiode, die Flüssigkeitswärme für den Heizprozeß nutzbar gemacht werden kann. Bei dieser Gelegenheit sei aber auf einen grundlegenden Unterschied zwischen Oberflächenheizapparaten und Mischkochern

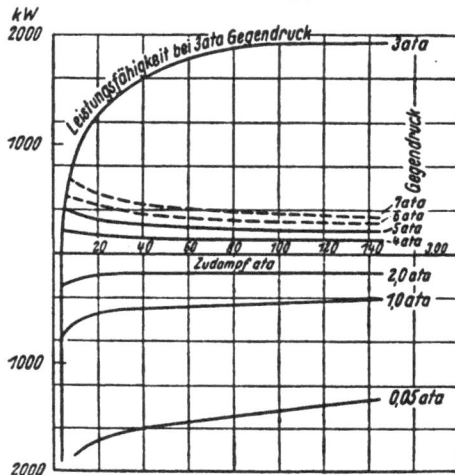

Abb. 76. Leistungsfähigkeit von 10 000 kg Dampf in Abhängigkeit von Zudampf- und Gegendruck. (Zudampftemperatur 400° C.) Verlustlose Turbinen.

hingewiesen. Bei ersteren kann die Flüssigkeitswärme des Heizdampfkondensates im Speisewasser voll zurückgewonnen werden, während bei Mischkochern die Flüssigkeitswärme nur unvollkommen ausgenutzt werden kann.

Abb. 76[1]) zeigt die Abhängigkeit der Leistung vom Zudampfdruck bei gegebenem Heizdruck. In diesem Falle soll

---

[1]) Abb. 76—79 sind dem Vortrag von Dr.-Ing. W. Anderhub über »Neuzeitliche Dampfturbinenanlagen für hohe und höchste Drücke für vereinigte Heiz- und Kraftbetriebe mit besonderer Berücksichtigung der Textil- und Papierfabriken« entnommen, welcher auf der H.V. der Brennkrafttechn. Gesellschaft am 4. Dezember 1926 in Dresden gehalten wurde. Die folgenden theor. Erörterungen sind in Anlehnung an das dem Verfasser von der Firma Escher, Wyß & Cie., Zürich, gegebene Material ausgearbeitet worden.

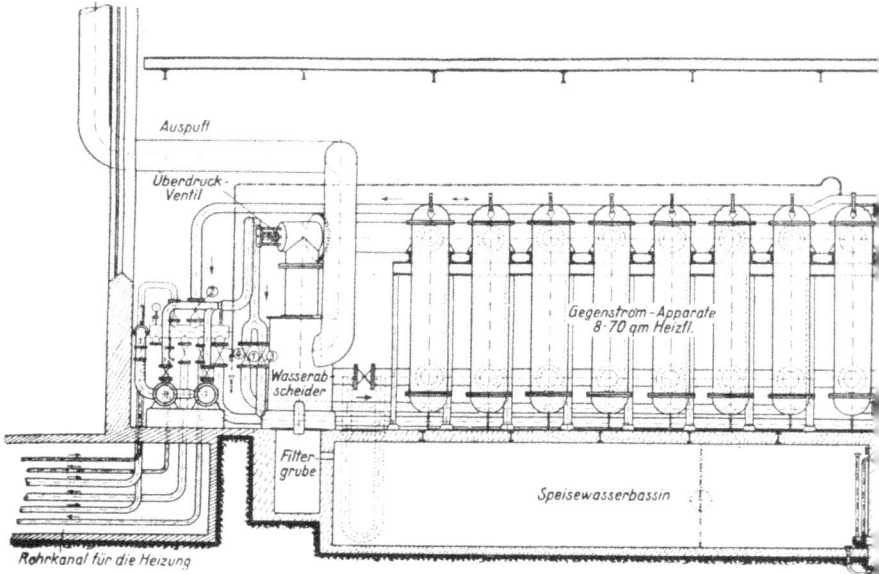

Auspuff

Überdruck-
Ventil

Gegenstrom-Apparate
8·70 qm Heizfl.

Wasserab-
scheider

Filter-
grube

Speisewasserbassin

Rohrkanal für die Heizung

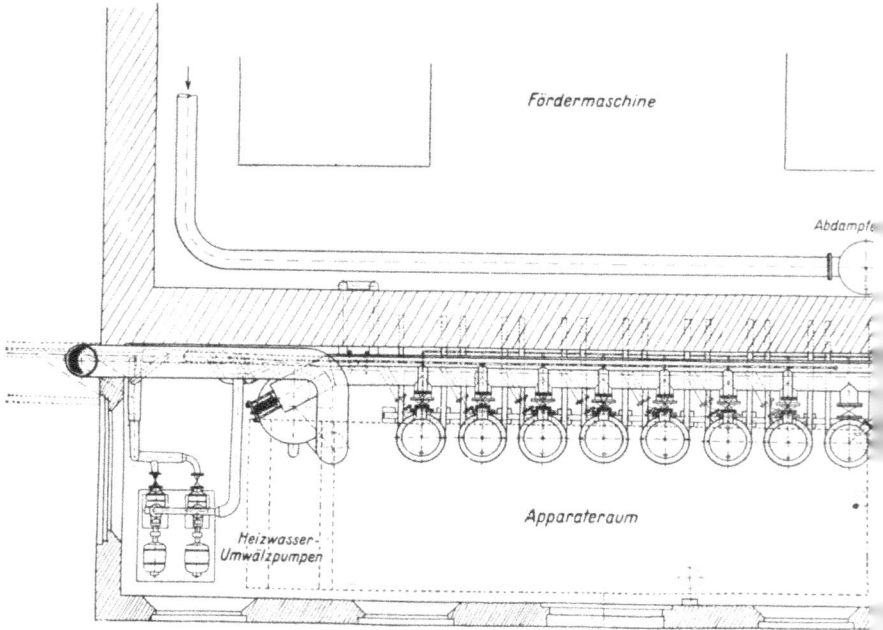

Fördermaschine

Abdampfe

Apparateraum

Heizwasser-
Umwälzpumpen

Heizleitung z. Wasserspeicher

Dunstrohr

Wasserstand-
Anzeiger

Abdampf der alten Fördermaschine

Anschluß für den Dampfspeicher
35 cbm Jnhalt

35 cbm Jnhalt
Wasserspeicher

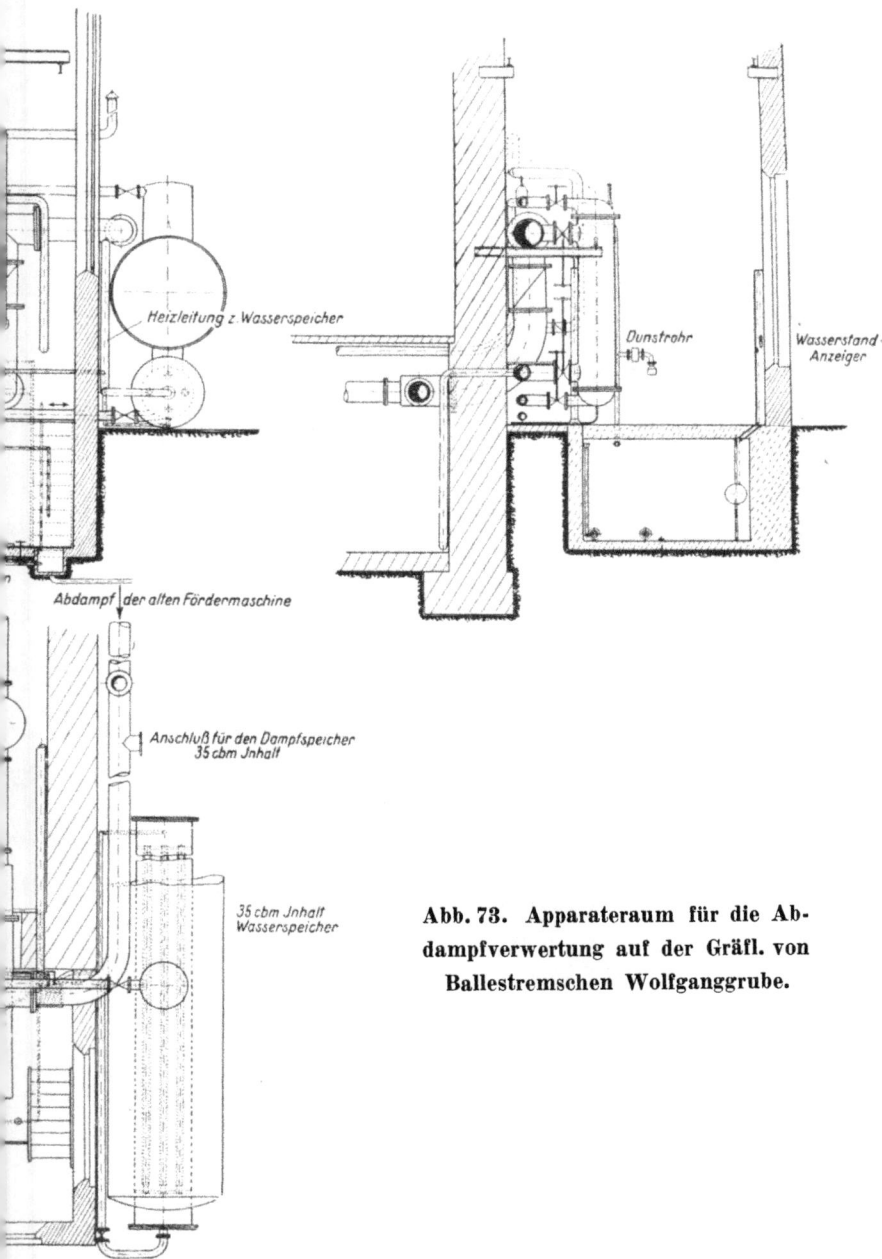

Abb. 73. Apparateraum für die Abdampfverwertung auf der Gräfl. von
Ballestremschen Wolfganggrube.

der Heizdruck 3 ata betragen, auch ist als Kraftmaschine eine verlustlose Turbine angenommen.

Um den Einfluß des Heizdruckes auf die Leistungsabgabe zu kennzeichnen, ist die Leistungsänderung in Abhängigkeit vom Heizdruck eingetragen. Die Kurve zeigt, daß die erhältliche Leistung bis zu einem Zudampfdruck von etwa 100 ata sehr rasch, darüber hinaus aber nur noch langsam zunimmt. Der Einfluß des Gegendruckes wirkt sich um so

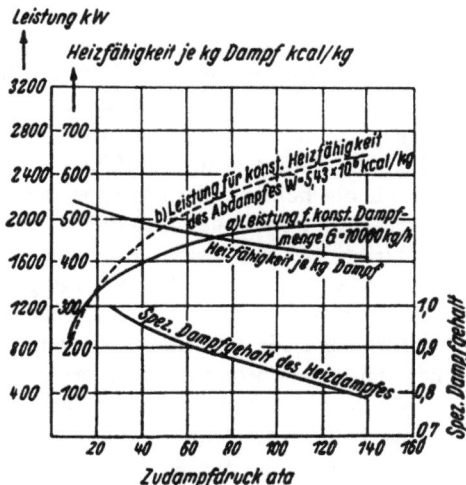

Abb. 77. Leistungsfähigkeit und Heizfähigkeit von Dampf bei verschiedenen Zudampfdrücken. Zudampftemperatur 400° C Gegendruck 3 ata
a) bezogen auf konst. Dampfmenge $G = 10\,000$ kg/h.
b) bezogen auf konst. Heizfähigkeit des Abdampfes.

bedeutender aus, je kleiner er ist. Für die Kurven ist eine Zudampftemperatur von 400° angenommen. Mit wachsender Temperatur erhöht sich die Leistungsfähigkeit und umgekehrt. Je höher der Druck um so höher wird die Anfangstemperatur gewählt, jedoch wird der Zunahme der Temperatur heute noch durch die Baustoffe der Turbine eine Grenze, und zwar bis etwa 430°, gesetzt.

Die Veränderlichkeit der Heizfähigkeit des Turbinendampfes mit dem Anfangsdruck (bei immer gleicher Anfangstemperatur von 400° C) zeigt Abb. 77. Es ergibt sich aus dem

Balcke, Abwärmetechnik II.   **9**

Kurvenverlauf, daß die Heizfähigkeit mit zunehmendem Druck abnimmt, der Dampf also an Wert verliert.

Solange der Dampf überhitzt ist, bedeutet die Verringerung der Heizfähigkeit bei gleichbleibendem Heizdruck eine Herabsetzung der Überhitzungstemperatur des Abdampfes. Dies ist ein Vorteil, da in fast allen Heizprozessen überhitzter Dampf nicht gewünscht wird. Die Überhitzungstemperatur ändert sich nämlich einmal mit der Dampfanfangstemperatur, sodann mit der Leistung, welche beide nie konstant gehalten werden können, so daß dadurch die Abdampftemperatur erheblichen Schwankungen unterliegt. Bei einem gewissen Druck verschwindet die Überhitzung ganz, der Dampf wird trocken gesättigt und naß. Bei trocken gesättigtem oder nassem Dampf ist die Temperatur nur abhängig vom Druck, welcher aber durch die heutigen Druckregler mit hoher Präzision konstant gehalten werden kann, so daß auch die Temperatur konstant bleibt. In der Praxis darf aber der Dampf nicht allzu naß sein, weil sonst sein Heizwert ungenügend ist; naß darf er vor allem auch dann nicht sein, wenn er von der Turbine zur Verbrauchsstelle weitergeleitet werden muß, da dann die Kondensationsverluste in der Leitung zu erheblich ausfallen würden. Der Abdampf muß daher am Austritt aus der Turbine nahezu trocken gesättigt oder leicht überhitzt sein.

Der Enddampfzustand des Dampfes (also bei Austritt aus der Turbine) kann verändert werden durch Änderung der Anfangstemperatur. Höhere Anfangstemperatur ergibt höhere Endtemperatur bzw. höheren Dampfgehalt des nassen Dampfes, aber, wie schon gesagt, bleibt eben die Höhe der Anfangstemperatur selbst bei höchsten Drücken auf etwa 430° C beschränkt. Bei sehr hohen Anfangsdrücken muß, damit der Enddampf den Anforderungen entspricht, der Dampf zwischenüberhitzt[1]) werden.

Die verminderte Heizfähigkeit des Abdampfes hat anderseits auch wieder einen gewissen Vorteil, weil für eine bestimmte Heizleistung alsdann mehr Dampf benötigt wird, wodurch eine Steigerung der Leistung notwendig wird. Die Leistungssteigerung ist in Abb. 77 dargestellt. Für diese wurde eine

---

[1]) S. Abwärmetechnik Band I, S. 94 u. 175 u. f.

Heizfähigkeit von $5,43 \times 10^6$ kcal/h als Grundlage angenommen; es entspricht dies der Heizfähigkeit des Abdampfes
einer verlustlosen Turbine, die mit 15 ata und 400° C arbeitet
und bei 3 ata 10000 kg/h Dampf an das Heiznetz liefert.

Vorstehende Erwägungen beziehen sich auf die verlustlose Maschine, es kommt aber darauf an, festzustellen, wie die
Verhältnisse bei neuzeitlichen Heizungs-Kraftmaschinen tat-
sächlich liegen, und vornehmlich wäre die Frage des Einflusses
der Drucksteigerung auf den Wirkungsgrad zu behandeln.
Bei der Betrachtung der Wirtschaftlichkeit der Gesamtanlage
ist aber, wie schon eingangs in Abschnitt 1 dieses Werkes
betont, die Kraftmaschine nicht allein sondern in Verbindung
mit der Kesselanlage zu betrachten, und hier zeigt sich mit
wachsenden Anfangsdrücken folgendes Bild:

Ganz abgesehen von der jeweils verwendeten Sonderbauart
der Kessel über 50 ata ändert sich der Kesselwirkungsgrad
mit wachsendem. Druck nur geringfügig. Es ist aber auf die
Ausnutzung der Rauchgaswärme zur Luftvorwärmung[1]) in Verbindung mit Kohlenstaub- oder Ölfeuerungen oder zur Gewinnung hochwertigen Zusatzwassers[2]) sehr großer Wert zu legen.

Sehr ins Gewicht fällt bei Hochdruckanlagen die Antriebs-
leistung der Speisepumpen. Dieselbe wächst sehr rasch mit
zunehmendem Kesseldruck und ist bei Gegendruckanlagen
im Verhältnis zur Nutzleistung sehr viel beträchtlicher als bei
Kraftanlagen mit Kondensation[3]).

Nach Dr. Anderhub[4]) ist die Leistung der Speisepumpen
bei 15 ata Betriebsdruck $\cong$ 0,5 v. H. der Nutzleistung, bei
140 ata bereits $\cong$ 3,5 v. H. Die Anwendung der Speisewasser-
Stufenvorwärmung erhöht die Speisepumpenleistung noch
etwas. Wenn auch diese Beträge nicht übermäßig hoch sind,
so dürfen sie doch beim Kriterium der Wirkungsgrade nicht
außer acht bleiben[5]).

---

[1]) S. Abwärmetechnik Band I, S. 88 u. 154 u. f.
[2]) S. Abwärmetechnik Band III, Abschnitt 1.
[3]) S. Kondensatwirtschaft des Verfassers. Verlag R. Oldenbourg, München-Berlin 1927.
[4]) Siehe Fußnote S. 128.
[5]) Siehe Kondensatwirtschaft d. Verf. Abschnitt 5, S. 176 u. f.
Wege zur Karnotisierung des Dampfkraftprozesses. Verlag R. Oldenbourg, München-Berlin 1927.

Der Dampf, der in die Turbine eintritt, hat einen Wärmeinhalt i_1; am Austritt aus der Turbine sei der Wärmeinhalt i_2,
dann ist nach dem Energieprinzip $D \times (i_1 - i_2)$ gleichwertig mit
der inneren Leistung der Turbine, wenn D die Dampfmenge bedeutet. Die Heizfähigkeit wird durch $D (i_2 - i_k)$ dargestellt.
Wird das Heizdampfkondensat zurückgespeist, so liegt ein ge-
schlossener Kreislauf von 100 v. H. Wirkungsgrad vor, welcher
vollständig unabhängig davon ist, wie der innere Wirkungsgrad
der Turbine selbst beschaffen ist. Damit wird gekennzeichnet,

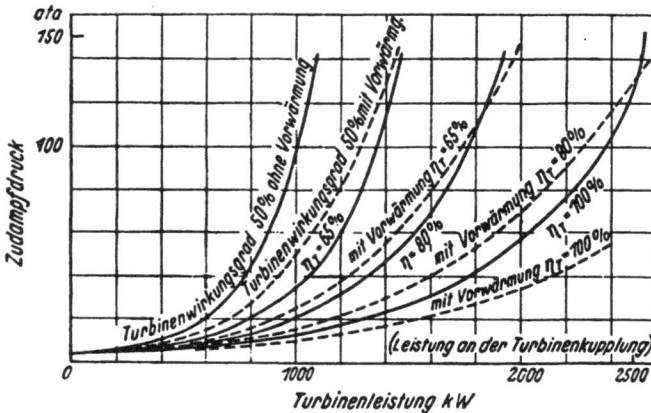

Abb. 78. Notwendiger Betriebsdruck in Abhängigkeit der Leistung
bei verschiedenen Turbinenwirkungsgraden. Dampftemperatur
400° C. Gegendruck 3 ata. Heizfähigkeit 5,43 × 10 kcal/h.

daß, nur vom wirtschaftlichen Standpunkt aus betrachtet, der
Wirkungsgrad keine Rolle spielt. Diese Beziehung gilt nur für
den inneren Wirkungsgrad der Turbine; die mechanischen Verluste sind selbstverständlich als eigentliche Verluste zu buchen,
sie sind aber sehr klein und betragen nur 2—4 v. H., einschließlich der Reduktionsgetriebe, so daß diese hier bei den allgemeinen Betrachtungen unberücksichtigt bleiben können.

Diese Überlegung führte vor Jahren zum Bau von Gegendruckturbinen, bei denen kein Wert auf einen hohen Wirkungsgrad gelegt wurde. Dieser Standpunkt ist auch heute noch
berechtigt, wenn bei mäßigem Dampfdruck immer noch ein
Überschuß an Kraft verbleibt für die kein Absatz beschafft
werden kann.

Sehr wichtig wird aber die Frage des Wirkungsgrades dann, wenn der Kraftbedarf im Verhältnis zum Heizdampfbedarf groß wird. Warum alsdann der Wirkungsgrad eine wesentliche Rolle spielt, geht aus den Kurven Abb. 78 hervor, in welcher die Drücke eingezeichnet sind, die nötig wären, um bei gegebener Heizfähigkeit und verschiedenen Wirkungsgraden eine bestimmte Leistung zu erzeugen. Die ausgezogenen Kurven gelten ohne Vorwärmung, die gestrichelten für die Annahme stufenweiser Vorwärmung auf 90 v. H. der Sattdampftemperatur. Aus den Kurven ist beispielsweise zu ersehen, daß bei 100 v. H. Turbinenwirkungsgrad eine Leistung von 1400 kW bei gegebener Heizfähigkeit von $5,43 \times 10^6$ kcal/h mit einem Betriebsdruck von 23 ata erzeugt werden kann. Bei 80 v. H. Turbinenwirkungsgrad steigt der nötige Druck schon auf 46 ata und bei 65 v. H. sogar auf 110 ata.

Die Einführung der Vorwärmung des Speisewassers durch Anzapfdampf erlaubt, wie die gestrichelten Kurven zeigen, eine wesentliche Herabsetzung der nötigen Betriebsdrücke, und bei zufließendem Speisewasser von 80^0, das bis auf 90 v. H. der Sattdampftemperatur vorgewärmt würde, würden die Drücke nur noch 16, 29 bzw. 53 ata bei den Wirkungsgraden von 100, 80 bzw. 65 v. H. betragen. Der sehr starke Einfluß des Wirkungsgrades auf die Leistung bei gleichbleibender Heizfähigkeit ist auf eine Doppelwirkung zurückzuführen. Wenn nämlich der Wirkungsgrad schlechter wird, so wird die Heizfähigkeit größer; zur Erreichung einer bestimmten Heizleistung wird daher weniger Dampf benötigt, womit sich die Leistung selbsttätig weiter vermindert. Die Kurven sind wiederum auf einen Heizdruck von 3 ata bezogen. Hinsichtlich Wahl des Heizdruckes gelten auch für die wirkliche Turbine die Bemerkungen zu Abb. 76. Der verhältnismäßige Einfluß des Gegendruckes ist auch bei der wirklichen Turbine derselbe wie für die verlustlose Turbine.

Von Interesse ist noch die Feststellung, wie sich die Leistungsfähigkeit und die Heizfähigkeit bei gleichbleibender Dampfmenge mit dem Turbinenwirkungsgrad ändert. Unter Annahme eines Druckes von 40 ata ergibt sich bei Änderung des Turbinenwirkungsgrades von 80 auf 65 v. H. eine Leistungsänderung von 18,3 v. H., während sich die

Heizfähigkeit des Dampfes nur um 3,9 v. H. ändert. Bei Änderung des Turbinenwirkungsgrades von 80 auf 50 v. H. ändert sich die Leistung um 37, die Heizfähigkeit nur um 7,8 v. H. Die Änderung der Heizfähigkeit merkt man kaum, während selbstverständlich eine so erhebliche Änderung der Leistung recht fühlbar wird. Diese Zahlen erhellen vielleicht mehr als alle anderen Vergleiche die Wichtigkeit des hohen Turbinenwirkungsgrades.

Die Wertigkeit des Dampfes, d. h. Wärmeinhalt und Dampfnässe in Abhängigkeit vom Dampfdruck sind in Abb. 79 für einen Turbinenwirkungsgrad von 80 v. H. dargestellt. Man ersieht daraus, daß schon bei 80 v. H. Turbinenwirkungsgrad der Dampf erheblich edler ist als bei der verlustlosen Maschine, bei welcher schon bei 25 ata Dampfdruck der Dampf ins Naß-gebiet übergeht, während hier die Dampfwertigkeit bis gegen 60 ata nichts zu wünschen übrig läßt. Bei noch schlechterem Turbinenwirkungsgrad muß der Druck noch höher werden, damit der Dampf wasserhaltig ist.

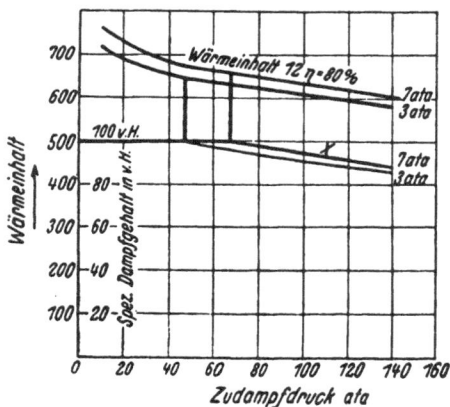

Abb. 79. Wärmeinhalt und spez. Dampfgehalt des Heizdampfes am Austritt der Turbine — für eine Turbine mit 80 v. H. thermodynam. Wirkungsgrad — (Dampfanfangstemperatur 400° C).

Ist der Anfangsdruck nur so hoch, daß der Dampf mit erheblichem Wassergehalt die Turbine verlassen würde, so muß Zwischenüberhitzung eingeführt werden, um den Dampf für die weitere Verwendung, insbesondere Weiterleitung dienlich zu machen, sofern nicht durch weitere Steigerung der Dampfanfangstemperatur die Dampfwertigkeit genügend verbessert werden kann.

2. Der Gegendruck-Betrieb.

Der Rechnungsgang zur Ermittlung des Zudampfdruckes zur Heizungskraftmaschine wird meistens rückwärts erfolgen müssen, weil man von dem benötigten Heizdampfdruck und der notwendigen Heizdampfmenge ausgehen muß, um über die geforderte Leistung zum erforderlichen Zudampfdruck zu gelangen. Der einfachste und sicherste Weg ist dabei die Ermittlung mit Hilfe des *JS*-Diagrammes[1]).

Es werde angenommen, daß der Zudampf 15 ata und 350⁰ habe. Die Maschine arbeite auf einen Gegendruck von 3 ata. Das adiab. Wärmegefälle ist dann $\lambda_{th} = 88,5$ (s. *IS*-Tafel, Band I, Anhang). Unter Annahme eines Turbinenwirkungsgrades von 0,8 hat der Abdampf einen Wärmeinhalt von 675 kcal/kg. In diesem Falle ergibt sich ein spez. Dampfverbrauch von 13 kg/kWh. Die Verhältnisse würden richtig getroffen sein, wenn z. B. 1000 kWh und 13 000 kg/h Heizdampf von 3 ata vom Betriebe benötigt würden. Würden aber nun beispielsweise statt 1000 1300 kWh bei einer Heizdampfmenge von 13 000 kg/h benötigt, so muß der spez. Dampfverbrauch der Gegendruckmaschine auf 13 000 : 1300 = 10 kg/kWh herabgedrückt werden. Dies wird erreicht durch die Wahl eines höheren Kesseldruckes und, wenn angängig, gleichzeitig einer höheren Überhitzung. Es ergäbe sich z. B. bei gleicher Zudampftemperatur von 350⁰ eine Zudampfspannung von $\sim$ 21 ata.

Eine Faustregel für die Wahl des günstigsten Zudampfdruckes läßt sich nicht aufstellen, es läßt sich aber in jedem Einzelfall unter Berücksichtigung der Leistung, Dampfbedarf, Länge der Leitungen, Kohlen und Anlagekosten ein Optimum errechnen, welches die günstigsten Verhältnisse für den jeweiligen Sonderfall ergibt.

3. Der Entnahmebetrieb.

Bei der reinen Gegendruckturbine wird die Maschine von **einem** Dampfstrom durchflossen, welcher sich unter Arbeitsleistung von der Zudampf- auf die Heizdampfspannung entspannt.

Die praktische Ausführung kann nun sowohl in einer reinen Gegendruckturbine erfolgen als auch in einer Ent-

---

[1]) Siehe Band I Tafel I im Anhang. Ferner Blänsdorf „Technik und Wirtschaft der Kraft- und Wärmeanlagen in Zellstoff- und Papierfabriken unter besonderer Berücksichtigung des Hochdruckdampfes. Zeitschr. f. Brennstoff- und Wärmewirtschaft Jahrgang IX, Heft 23.

nahmeturbine, welche die Vereinigung einer Gegendruck- mit
einer Kondensationsturbine darstellt. Eine solche Turbine
wird von **zwei** Dampfströmen durchflossen, für welche der
Hochdruckteil gemeinsam ist. Der Heizdampf wird jedoch
vor dem Niederdruckteil abgezweigt und in die Heizleitung
geführt, während der Restdampf weiter in den Kondensator
strömt.

Die Unterschiede beider Turbinen lassen sich dahin zusammenfassen, daß die Gegendruckturbine jeweils die Leistung
abgibt, welche der Heizdampf herzugeben imstande ist, also
Leistung und Heizdampfmenge in unmittelbarer Abhängigkeit
voneinander stehen, während die Entnahmeturbine in ihrer
allgemeinsten Form von der Vollast bis zu einer gewissen Min-
destleistung jede beliebige Heizdampfmenge zwischen Null
und dem Höchstwert herzugeben imstande ist, ohne daß deshalb die Leistung geändert zu werden braucht. Aus Gründen
höherer Wirtschaftlichkeit wird man allerdings, wenn Voll-
last bei Betrieb ohne Entnahme nicht vorkommt, die Entnahmeturbine möglichst so bauen, daß Vollast überhaupt nur von
einer gewissen Mindestentnahme an möglich ist. Der Niederdruckteil kann in diesem Falle kleiner gehalten werden und
die bei großen Entnahmemengen unvermeidlichen Drosselungs-
verluste werden geringer[1]).

4. Der Ausgleich.

Es bleibt noch zu untersuchen, wie sich der Betrieb bei
Schwankungen des Dampfbedarfes und des Kraftbedarfes gestaltet. Leistung und Heizfähigkeit sind, was die Turbine an-
belangt, voneinander abhängig, nicht aber im Fabrikbetrieb.
Dies führt zu gewissen Schwierigkeiten, welche auf verschiedene Arten behoben werden können.

Die einfachste Lösung würde sein, den Stromerzeuger
an das Verteilnetz eines Fremdwerkes zu schalten. Der Dampfdurchsatz durch die Turbine würde dann ausschließlich dem
Heizdampfbedarf anzupassen sein. Je nach dem Dampfbedarf
würde der Generator Überschußstrom an das Fremdnetz

---

[1]) Siehe Fußnote S. 135.

liefern, oder es würde aus letzterem zusätzlich Strom bezogen. Die Turbinen erhielten in solchen Fällen (Voraussetzung ist natürlich ein Drehstromnetz) keinen Regulator, sondern sie würden nur elektrisch gekuppelt werden. Auf diese Weise wäre es möglich, sowohl Gegendruck als auch Entnahmedruck bei allen Dampfverbräuchen konstant zu halten. Leider aber ist diese Schaltungsart zumeist nicht möglich, weil Fremdwerke solche Anschlüsse ablehnen, ohne daß oft technische Gründe für die Ablehnung anzuführen wären.

Der Ausgleich kann auch — wie hier nochmals der Übersicht halber erwähnt sei — mit Hilfe von Speichern durchgeführt werden. In diesem Falle wird der Dampfdurchsatz durch die Turbine der verlangten Leistung angepaßt. Ist der Kraftbedarf größer als der Dampfbedarf, so wird Dampf in den Speicher geleitet; übersteigt umgekehrt der Dampfbedarf den Kraftbedarf, so gibt der Speicher Heizdampf ab. Der Dampfspeicher gestattet unter Umständen auch, Dampf unmittelbar aus dem Kessel aufzunehmen. Hier würde der Ausgleich mit Hilfe der Dampfproduktion des Kessels bewirkt, wobei zugleich eine Verbesserung des Kesselwirkungsgrades erzielt wird. Bei Höchstdruckkesseln mit kleinem Wasserinhalt ist ein Speicher ohnehin sehr empfehlenswert, um bei starken Schwankungen des Dampfverbrauches ausgleichend zu wirken.

Soll kein Speicher aufgestellt werden, so kann ein Ausgleich zwischen Dampf- und Leistungsbedarf in folgender Weise herbeigeführt werden: Der jeweilige Dampfdurchsatz durch die Turbine wird der Leistung angepaßt. Bei Dampfmangel wird der Dampf unmittelbar über Druckminderungsventile dem Kessel entnommen. Überschußdampf wird in eine Abdampfkondensationsturbine geleitet. Die unmittelbare Dampfentnahme aus dem Kessel ist vielfach unerwünscht und bei sehr hohen Drücken wohl auch kaum möglich. Der Kesseldampf ist zu heiß, die nötigen Querschnitte in den Druckminderungsorganen werden zu klein.

In solchen Fällen ist es zweckmäßiger, die Dampfmenge jeweils dem Dampfbedarf anzupassen. Die Überschußleistung kann dann in einen Elektrokessel geleitet werden, wo wiederum Heizdampf erzeugt wird. Bei solchem Betrieb ist es **immer** möglich, den Kraftbedarf und die Heizdampfmenge in Einklang zu bringen. Das Verfahren ist nicht unwirtschaftlich, da der mittels Überschußleistung im Elektrokessel erzeugte Dampf nur mit den sehr hohen Wirkungsgraden des Generators, des Elektrokessels und des mechanischen Turbinenwirkungsgrades zusätzlich behaftet ist, d. h. mit nur etwa 8 v. H.

5. Gegendruck- und Entnahmeturbinen.

Abb. 80 und 81 zeigen eine eingehäusige Zoelly-Kondensations-Turbine, Bauart Escher Wyß & Cie. in Zürich, mit abgehobenem Oberteil und mit eingelegtem Rotor.

Dieselbe ist eine Aktionsturbine. Sie zeichnet sich durch reichliches Spiel zwischen der Leit- und Laufradschaufelung, durch den Wegfall von Entlastungsorganen, durch genaue und zuverlässige Öldruckregulierung aus. Damit entspricht sie den höchsten Anforderungen der Betriebssicherheit. Die Turbine wird für mittlere Leistungen eingehäusig, für große Leistungen und hohe Drücke mehrgehäusig ausgeführt. Bei sämtlichen Kanalhöhen werden die Leitschaufeln in die Leitradscheiben eingegossen.

Abb. 80. Turbine mit abgehobenem Oberteil.

Der Rotor besteht bei normalen Turbinen aus der Welle und den auf dieser aufgezogenen Laufrädern. Bei hochtourigen Getriebeturbinen dagegen werden Welle und Laufräder normalerweise aus einem Stück hergestellt.

Die Laufradscheiben mit ihren Naben sind aus Stahl ge-
schmiedet und durch Abdrehen auf die Form eines Körpers
von annähernd gleicher Festigkeit bezüglich der Beanspruchung
durch die Zentrifugalkraft gebracht. Die Laufschaufeln werden
in der T-förmigen Nut des Kranzes befestigt. Der Abstand von
Schaufel zu Schaufel wird durch T-förmige Distanzstücke ein-
gehalten, die durch eine nachher mit Sonderschloß zu sichernde
Aussparung in die umlaufende Nut eingeführt werden.

Abb. 81. Turbine mit eingelegtem Rotor.

Die Laufschaufeln werden für normale Betriebsverhält-
nisse aus Nickelstahl hergestellt. Bei Anlagen, die mit salz-
oder säurehaltigem Wasser zu arbeiten haben, wird ein kor-
rosionssicheres Material für die Schaufeln verwendet. Kurze
Schaufeln haben vom Fuß zum Kopf die gleiche Stärke, während längere Schaufeln nach außen abnehmenden Querschnitt
erhalten, um das Material bestens auszunützen und jede unnötige Belastung des Schaufelfußes und der Scheibe zu vermeiden.

Schaufeln und Zwischenstücke, bei denen sehr hohe Um-
fanggeschwindigkeiten in Frage kommen, also Niederdruck-
schaufeln, werden vollständig aus dem vollen Stab heraus-
gefräst.

Nach außen hin ist der Schaufelkanal durch Bandstücke,
die mit den Schaufelenden vernietet werden, abgeschlossen, um
ein radiales Ausweichen des Dampfstrahls bei seinem Auf-

treffen auf die Schaufeln zu vermeiden. Jedes fertige Rad wird sorgfältig ausgewuchtet. Besondere Sorgfalt ist der Befestigung der Laufräder auf der Welle zu widmen. Die Kraftübertragung erfolgt durch eingelegte Keile. In axialer Richtung wird der Rädersatz einerseits durch einen Bund auf der Welle, anderseits durch je eine Mutter gehalten derart, daß zwischen den einzelnen Radnaben bestimmte Spiele erhalten bleiben als Ausgleich für die auftretenden Wärmedehnungen.

Die Unterteilung des Gehäuseraumes in einzelne Druckstufen erfolgt durch zweiteilige kegelförmige Gußscheiben, deren Naben die Laufradnaben mit Spiel umschließen und die am Umfang eingegossenen Stahlblechschaufeln tragen.

Die einzelnen Kanäle müssen sauber bearbeitet werden, um die Dampfreibung an den Wandungen möglichst zu verringern. Sie sind nur durch die Blechschaufeln voneinander getrennt. Bei totaler Beaufschlagung, die meist schon in den ersten Stufen erreicht wird, bilden sie einen geschlossenen Ring, aus dem die einzelnen Dampfstrahlen geradlinig unter bestimmtem Winkel austreten. Da die einzelnen Strahlen nicht parallel, sondern windschief zur Umlaufachse stehen, so bildet ihre Gesamtheit den Mantel eines einschaligen Hyperboloides, dessen Scheitel in der Ebene des Laufrades liegt. Durch diese Anordnung des Laufrades an der dichtesten Stelle des Dampfstrahlenbündels ist die beste Ausnützung seiner Energie gesichert. Es können somit die Laufradschaufellängen und damit auch der Ventilationsverlust des Rades auf das geringste Maß beschränkt werden. Die unvermeidlichen Dampfverluste zwischen den einzelnen Druckstufen treten an den Naben auf. Der freie Ringquerschnitt zwischen der Leit- und Laufradnabe muß möglichst klein gehalten werden. Dies wird erreicht durch Messingsegmente, die in schwalbenschwanzförmige Nuten der Leitradnaben eingestemmt werden und die Laufradnaben mit ganz kleinem Spiel umgeben.

Die Welle besteht aus Siemens-Martinstahl, der durch wiederholtes Ausglühen spannungsfrei gemacht werden muß. Die Wellen der 1500-tourigen Turbinen werden starr ausgeführt, d. h. mit einer kritischen Drehzahl, die über der Betriebsdrehzahl liegt, während für die 3000-tourigen Turbinen, bei denen es möglich ist, die kritische Drehzahl weit unter

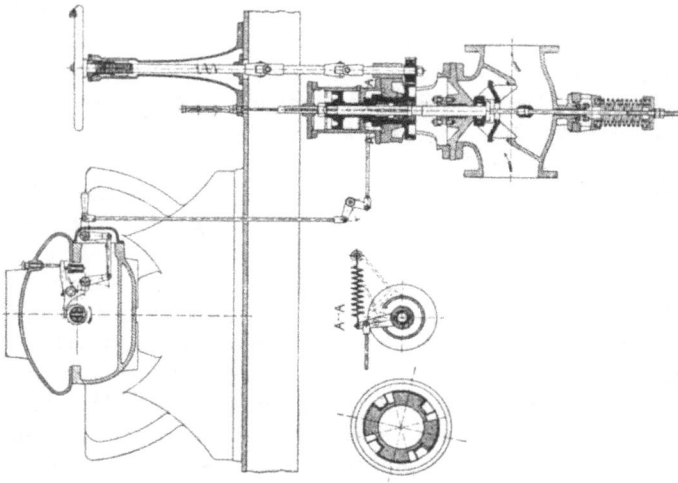

Abb. 83. Mechanisch betätigte Sicherheitsvorrichtung der Zoelly-Turbine, Bauart Escher, Wyß & Cie.

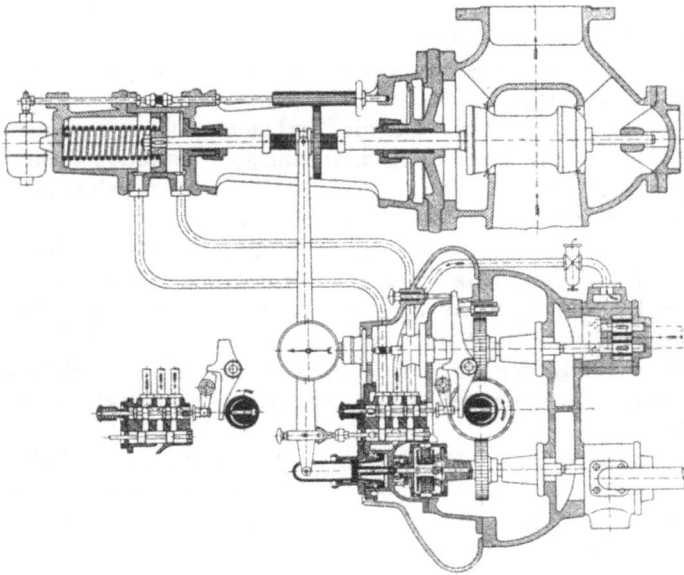

Abb. 82. Drosselregulierung und hydraulisch betätigte Sicherheitsvorrichtung der Zoelly-Turbine, Bauart Escher, Wyß & Cie.

der Betriebsdrehzahl zu legen, sog. biegsame Wellen verwendet werden, die sich ebenfalls bewährt haben.

Das Gehäuse besteht aus dem Hochdruckteil und dem Abdampfstutzen. Ersterer wird aus Stahlguß, letzterer aus Grauguß hergestellt. Nur bei ganz kleinen Turbinen und kleinen Drücken wird das ganze Gehäuse aus Grauguß gefertigt. Es ist in der horizontalen Mittelebene geteilt; durch Abheben des Oberteils wird das Innere der Turbine freigelegt (s. Abb. 80 und 81). Durch zweckmäßige Materialverteilung muß eine möglichst gleichmäßige Ausdehnung des ganzen Gußstücks gesichert werden. Der Mantel und die Stirnwand sind ein Stück; letztere hat die Form eines gewölbten Bodens. Der hohe Anfangsdruck wirkt nicht auf die ganze Stirnwand, sondern nur auf den als Ringkanal ausgebildeten Teil desselben. Die erste Expansion findet im ersten Leitrad statt, so daß der innere Teil der Stirnwand und die Stopfbüchse unter einem bedeutend geringeren Druck als dem Zudampfdruck stehen.

Die Regulierung ist eine einfache Drosselregulierung, Abb. 82. Es ist ein Vorteil der Zoelly-Turbine, daß das Erreichen guter Teillast-Wirkungsgrade auch ohne komplizierte Düsenreguliervorrichtungen möglich ist. Außer der normalen Geschwindigkeitsregulierung ist eine automatische Sicherheitsvorrichtung vorgesehen, welche hydraulisch auf das Drosselventil einwirkt (Abb. 82).

Normalerweise erhalten die Turbinen noch eine weitere von der ersteren vollständig unabhängige selbsttätige Sicherheitsvorrichtung, welche, wie Abb. 83 zeigt, mechanisch mittels Federkraft und Gestänge auf das Absperrventil einwirkt. Die Benützung des Regulierventils als Schnellschlußorgan bietet die größte Sicherheit, da bei einem Ventil, das in normalem Betrieb fast unausgesetzt in Bewegung gehalten wird, die Gefahr des Versagens ausgeschlossen ist, während ein längere Zeit in der gleichen Stellung geöffnetes Ventil sich so festsetzen kann, daß es auch einer starken Federkraft widersteht.

Störungen in der Ölförderung werden durch ein elektrisches Alarmläutewerk angezeigt, das bei sinkendem Lager-Öldruck sofort in Tätigkeit tritt. Außerdem bewirkt eine über dem Servomotorkolben angeordnete kräftige Feder das Schließen des Drosselventils, wenn das Drucköl ausbleibt. Bei Versagen der Kondensation öffnet sich die automatische Auspuffklappe und läßt den Dampf ins Freie entweichen. Ein kleines Alarmventil tritt in Funktion, wenn der Gegendruck in der Auspuffleitung zu groß wird.

Es werden ganz allgemein zwei Zahnradpumpen vorgesehen, die mittels Schneckengetriebe von der Hauptwelle aus angetrieben werden. Eine Pumpe liefert eine geringere Menge Öl von hohem Druck für die Regulierung, die andere eine größere Menge Öl von geringem Druck zur Schmierung und Kühlung der Lager.

Außer diesen beiden Pumpen erhält jede Turbine noch eine unabhängige Hilfspumpe, um beim Anlassen der Turbine die Lager mit Öl zu versorgen. Diese Pumpe ist bei kleinen Turbinen für Handbetrieb eingerichtet, bei größeren Einheiten wird sie durch eine kleine Dampfturbine angetrieben. Der Öldruck für die Lager beträgt ca. 1 ata, für die Regulierung etwa 4—5 ata. Das erwärmte Öl wird in einem in die Öldruckleitung zu den Lagern eingeschalteten Ölkühler gekühlt; Öl und Kühlwasser laufen nach dem Gegenstromprinzip um.

Für Turbinen mit hohen Drehzahlen und Leistungen bis 5000 kW werden Reduktionsgetriebe verwendet. Diese Zahnradgetriebe werden aus hochwertigem Stahl hergestellt und laufen geräuschlos. Der Nutzeffekt derselben ist ein sehr hoher und die Lebensdauer fast unbegrenzt. Diese Getriebe ermöglichen es auch, langsam laufende normale Gleichstromgeneratoren mit hochtourigen Turbinen zu betreiben, so daß die großen Schwierigkeiten, welche gerade diesem Antrieb im Wege standen, als endgültig überwunden zu betrachten sind[1]).

Die Verwendung von hochgespanntem Dampf und von hohen Temperaturen hat zwar das Grundsätzliche der Zoelly-Turbinenbauart nicht beeinflußt, aber doch gewisse Änderungen an ihren Bauteilen bedingt. Abb. 84 zeigt eine für das Werk Simmering der Städtischen Elektrizitätswerke Wien gelieferte Zoelly-Gegendruckturbine für 800 PSe Höchstleistung bei 6000 Umdr./min, 32 ata Zudampfdruck und 400°

---

[1]) Näheres s. H. Bauer, Zürich, »Getriebedampfturbinen für hohe und höchste Drücke. Z. d. V. d. I., Band 71, Nr. 18.

Zudampftemperatur. Die Turbine treibt einen Stromerzeuger mit 3000 Umdr./min und zeichnet sich durch kurzen, einfachen Aufbau aus, dabei ergibt sie mit nur sieben Stufen

Abb. 84. Zoelly-Gegendruck-Getriebeturbine von 800 PS. bei 6000/3000 Umdr./min für das Kraftwerk Simmering bei Wien. Zudampfdruck 32 ata, 400°.

Abb. 85. Zoelly-Entnahme-Gegendruck-Getriebeturbine für 1950 PS bei 6500/3000 Umdr./min für Berndorf. Zudampfdruck 35 ata, 400°; Entnahmedampf 3000 kg/h bei 14 ata; Gegendruck 5 ata.

einen guten Wirkungsgrad. Das seitlich an der Turbine angebrachte Handventil ermöglicht eine Überlastung um 25 v. H.

Abb. 85 stellt eine Zoelly-Entnahme-Gegendruckturbine dar, die an die Berndorfer Metallwarenfabrik A. Krupp geliefert

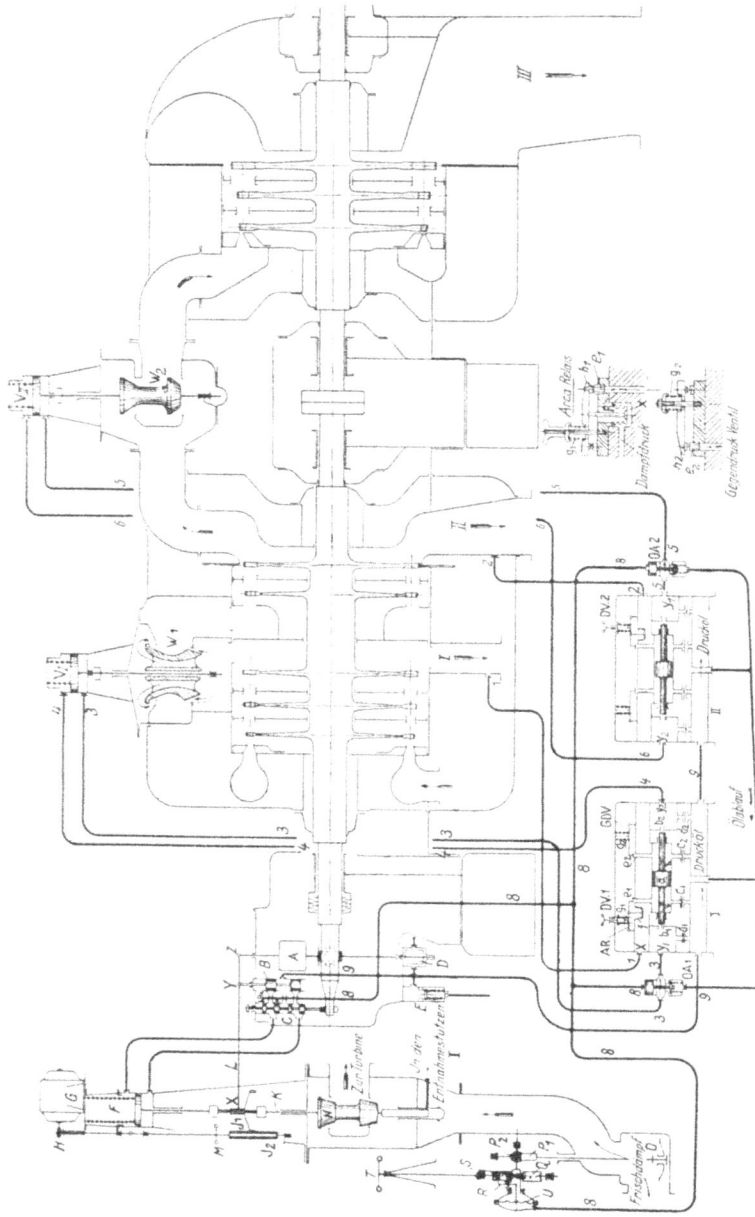

Abb. 88. Schema einer Zoelly-Dampfturbine mit zwei Zwischendruckregulierungen.

A	Regulator	R	Klinke
B	Steuerschieber	S	Schneckenspindel
C	Schnellschlußschieber	T	Handradständer
D	Regulierölpumpe	U	Membrane
E	Überbordventil	V_I	Servomotor zum Zwischendruckregler I
F	Servomotor	V_{II}	Servomotor zum Zwischendruckregler II
G	Elektromotor		
H	Schneckengetriebe		
$J_1 J_2$	Stirnräder		
K	Drosselventilspindel		
L	Regulierhebel		
M	Handtourenverstellung		
N	Drosselventilkegel		
O	Absperrventil		
$P_1 P_2$	Zahnstange u. Zahnkolben		
Q	Schneckenrad		

W_1	Überströmventil I
W_2	Überströmventil II
OA_1	Ölablaufventil 1
OA_2	Ölablaufventil 2
AR	Arca-Relais
GDV	Gegendruckventil
DV_1	Druckverstellung I
DV_2	Druckverstellung II

wurde. Diese Turbine leistet bei 35 ata Zudampfdruck und 400⁰
1950 PS bei 6500/3000 Umdr./min und gibt 3000 kg/h Entnahmedampf von 14 ata an eine von früher her vorhandene AEG-
Turbine ab; der Rest der zur Erzeugung der Volleistung erforderlichen Dampfmenge wird mit 5 ata in ein Heiznetz geleitet
und für Fabrikationszwecke verwendet. Die Turbine hat nur
sechs Gleichdruckstufen und ist an beiden Lagern aufgehängt.
Dadurch kann sie sich leicht nach allen Seiten hin ausdehnen.

Die Regelvorrichtungen sind sehr einfach durchkonstruiert.
Abb. 86 gibt eine schematische Darstellung der Entnahme-
Gegendruckregelung dieser Turbinengattung. Entnahme- und
Gegendruck wird ganz unabhängig von den Entnahmemengen
gleichbleibend erhalten. Die beiden getrennten Druckregler mit
Ölsteuerung sind in kleinen Kasten auf dem Turbinenrahmen
eingebaut. Der Regler im dritten, kleineren Kasten wirkt nach
dem gleichen Verfahren auf den Geschwindigkeitsregler der
Turbine.

Die Entnahmedruck-Regelung arbeitet wie folgt:
Steigt der Druck im Entnahmestutzen, so schließt die Entnahmeregelung das Drosselventil N, bis der Beharrungszustand
wieder hergestellt ist. Der Druck im Entnahmestutzen pflanzt
sich über die Leitung 1 auf das Arca-Relais AR fort. Dieses
vermindert bei einer Dampfdrucksteigerung den Druck im
Raum v_1. Der Schwebekolben a bewegt sich nach links. Der
Ölabfluß durch die Düse b_1 wird stärker behindert, während
das Öl durch die Düse b_2 leichter abfließen kann. Es entsteht ein
Druckgefälle vom Raum y_1 nach dem Raum y_2. Die Räume
y_1 und y_2 sind mit dem Ölmotor G verbunden. Das Druckgefälle sucht sich über diesen Ölmotor auszugleichen und ver-
dreht diesen. Diese Bewegung wird über die Zahnräder H_1,
H_2 und J_1 auf das Rad J_2 übertragen. Das Rad J_2 ist als
Mutter ausgebildet und schraubt sich in dem angenommenen
Fall auf die Spindel des Drosselventils herauf. Die Stellung
des Geschwindigkeitsreglers A bleibt unverändert, somit ist
Z ein Festpunkt. Durch die Aufwärtsbewegung des Rades J_2
wird der Steuerschieber B gehoben, welcher Drucköl über den
Servomotorkolben F leitet. Sobald dieser dem Druck folgt und
das Drosselventil N schließt, wird auch der Steuerschieber B
durch den Reglerhebel L in seine Mittellage zurückgeführt.

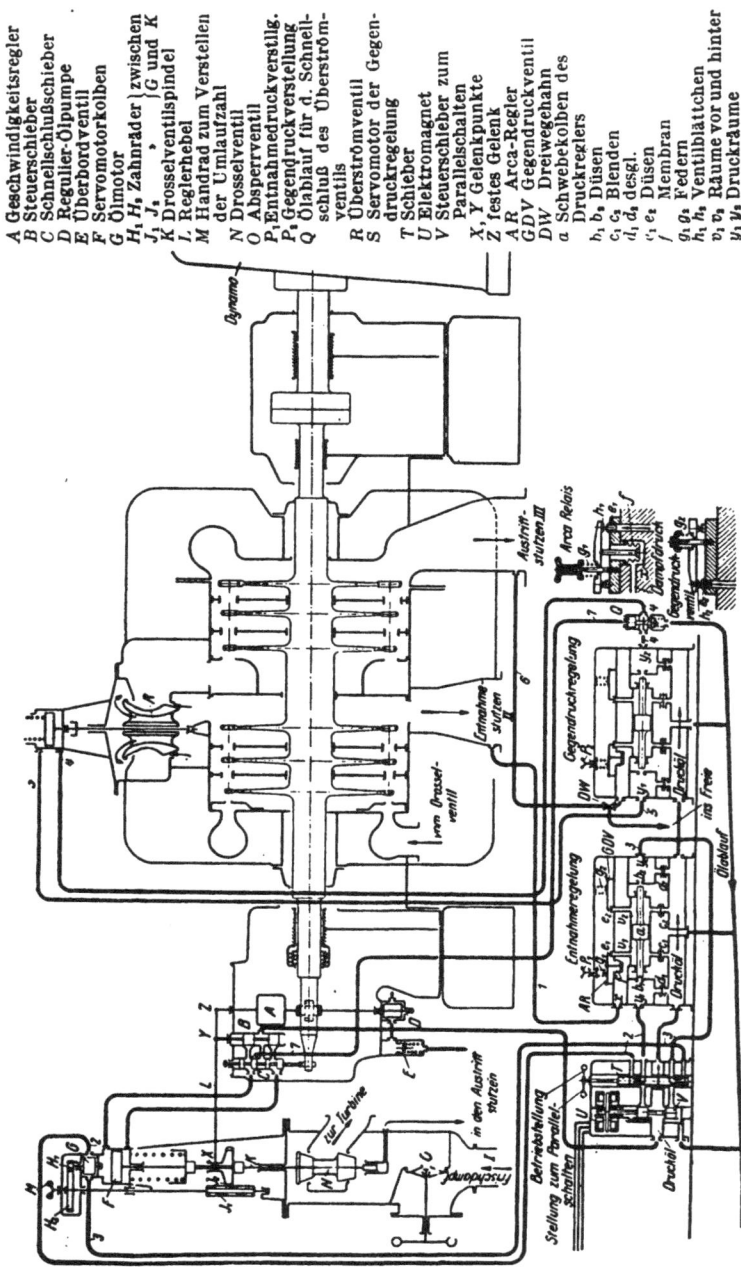

A Geschwindigkeitsregler
B Steuerschieber
C Schnellschußschieber
D Reguliér-Ölpumpe
E Überbordventil
F Servomotorkolben
G Ölmotor
H_1 H_2 Zahnräder } zwischen
J_1 J_2 , , } G und K
K Drosselventilspindel
L Reglerhebel
M Handrad zum Verstellen der Umlaufzahl
N Drosselventil
O Absperrventil
P_1 Entnahmedruckverstllg.
P_2 Gegendruckverstellung
Q Ölablauf für d. Schnellschluß des Überströmventils
R Überströmventil
S Servomotor der Gegendruckregelung
T Schieber
U Elektromagnet
V Steuerschieber zum Parallelschalten
X, Y Gelenkpunkte
Z festes Gelenk
AR Arca-Regler
GDV Gegendruckventil
DW Dreiwegehahn
a Schwebekolben des Druckreglers
b_1 b_2 Düsen
c_1 c_2 Blenden
d_1 d_4 desgl.
e_1 e_2 Düsen
f Membran
g_1 g_2 Federn
h_1 h_2 Ventilblättchen
v_1 v_2 Räume vor und hinter
u_1 u_2 Druckräume

Abb. 86. Schematische Darstellung der Entnahme- und Gegendruckregelung einer Zoelly-Dampfturbine, Bauart Escher, Wyß & Cie., Zürich,

Der Ölmotor G verstellt das Drosselventil N so lange, bis der Druck im Entnahmestutzen wieder normal ist. Die Stellung des Geschwindigkeitsreglers A wird nur durch die Wechselzahl des Netzstroms beeinflußt.

Abb. 87 zeigt eine zweigehäusige Zoelly-Turbine von Escher-Wyß, bei welcher der Ausgleich zwischen Kraft- und Dampfbedarf durch einen angehängten Kondensationsteil bewerkstelligt wird. Diese Turbine ist für einen Zudampfdruck von 50 atü und 400° gebaut. Sie soll normalerweise als Gegen-

Abb. 87. Escher-Wyß-Getriebeturbine von 1520 PS. bei 7500/3000 Umdr./min mit zwei selbsttätig gesteuerten Entnahmestellen für eine Papierfabrik in Arnau (Tschechoslowakei).

druck-Anzapfturbine arbeiten. Der Niederdruckteil soll also nur ausnahmsweise mit Dampf beaufschlagt werden. Der normale Dampfdurchsatz beträgt 12000 kg/h. Hiervon werden 4500 kg/h bei 9 ata und der Rest mit 3 ata entnommen. Die Normalleistung beträgt 2520 PS (an der Generatorkupplung). Die Drehzahl der Turbine beträgt 7500 Umdr./min, sie wird durch ein Reduktionsgetriebe auf $n = 3000$ herabgemindert. Der maximale Dampfdurchsatz beträgt 15500 kg/h, die maximale Leistung 2900 PS (an der Generatorkupplung).

Abb. 88 zeigt schematisch den Aufbau und die Regelung der Turbine. Sie ist zweigehäusig gebaut, einen Entnahmestutzen erhält das Hochdruckgehäuse, die zweite Entnahmestelle liegt in der Verbindungsleitung zwischen den Gehäusen. Das Regulierschema der Abb. 88 zeigt gegenüber demjenigen der Abb. 86 insofern eine Verschiedenheit, als hier der Geschwindigkeitsregler allein auf das Drosselventil wirkt, während die Druckregler nur die Entnahmestellen beeinflussen.

Abb. 89 veranschaulicht den Schnitt einer Turbine, welche von einem Benson-Kessel gespeist wird; die Maschine steht in der Kraftzentrale der Siemens-Schuckert-Werke in Berlin.

Die Turbine arbeitet mit Dampf von 100 ata und 400° C auf ein Niederdrucknetz von 15 ata. Der Dampfdurchsatz beträgt 10000 kg/h, die Drehzahl 10000 Umdr./min. Diese wird durch Reduktionsgetriebe auf 3000 Umdrehungen herabgemindert. Es ist hauptsächlich auf die kleinen Abmessungen hinzuweisen und die durch den hohen Druck bedingte starke Konstruktion. Auffallen wird vielleicht auch die anscheinend gewundene Dampfführung. Diese Formgebung ist gewählt, um den Dampf auf dem absoluten Dampfweg geradlinig zu führen; er bewegt sich in Wirklichkeit auf der Erzeugenden eines Rotationshyperboloids.

Diese Versuchsturbine, die im Januar 1925 in Betrieb gesetzt wurde, hat es ermöglicht, sehr interessante Versuche über die Wirkung von sehr hochgespanntem Dampf auf verschiedene Materialien zu machen und die günstigsten Konstruktionen für die Armaturen, der Dichtungen und der Schaufelung festzulegen. Außerdem hat sie die Gelegenheit geboten, gewisse dynamische Phänomene, die der großen Dampfdichte zuzuschreiben sind, zu studieren. Das Gehäuse dieser Turbine besteht aus einem einzigen Stück Schmiedestahl. Der Rotor ist ebenfalls in einem Stück hergestellt, mit Ausnahme der Schaufelung.

Nach den guten Erfahrungen, die sowohl mit der Turbine von 100 ata als auch mit dem Benson-Versuchskessel vorliegen, ist man bereits weitergegangen und hat eine Fabrik mit Benson-Kesseln ausgerüstet. Zur Ausnutzung des Dampfes hat ebenfalls Escher, Wyß & Cie. eine Turbine geliefert, die mit einem Zudampfdruck von 180 ata und einer Temperatur von 420° C arbeitet. Die Turbine arbeitet auf einem Gegendruck von 6,5 ata, hat eine Drehzahl von 6000 Umdr./min und einen Dampfdurchsatz von 20000 kg/h. Sie leistet 3700 PS.

Im Vergleich zur Aktions- (oder Gleichdruck-) Turbine, Bauart Escher, Wyß & Cie., Zürich, werde hier als Vertreter

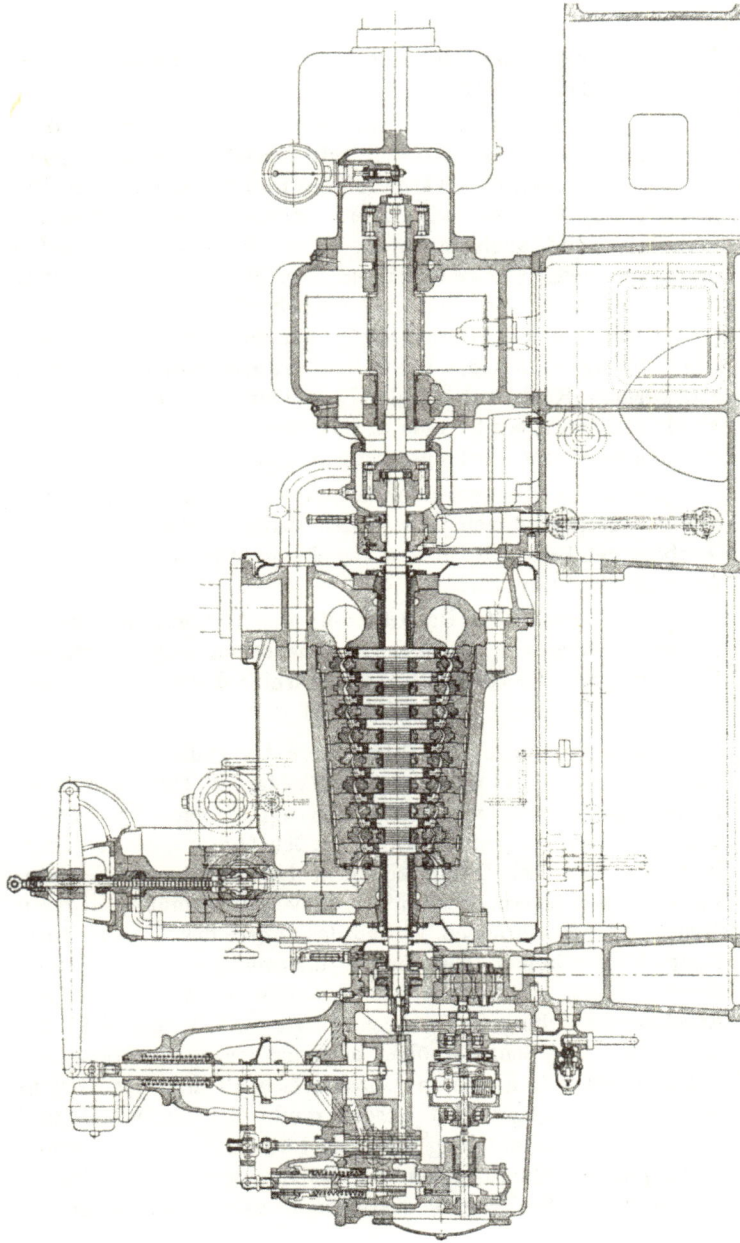

Abb. 89. Schnitt einer Zoelly-Hochdruck-Dampfturbine. Betrieb mit Benson-Kessel. Zudampfdruck 100 ata, Zudampftemperatur 400°. Gegendruck 15 ata.

der Reaktions- (oder Überdruck-) Turbine die Bauart Brown, Boveri & Cie., Mannheim, betrachtet:

Die Überdruckturbine wurde von Parsons eingeführt. Ihre Arbeitsweise ist dadurch gekennzeichnet, daß in jeder Stufe nur ein Teil des Wärmegefälles in der feststehenden Beschaufelung in Geschwindigkeit umgesetzt wird; dementsprechend sind auch die in den Leitschaufeln auftretenden Dampfgeschwindigkeiten geringer. Der Druck vor und hinter den Laufschaufeln ist nicht mehr gleich; dieser Überdruck hat eine Zunahme der Dampfgeschwindigkeit beim Durchgang des Dampfes durch die Laufschaufelkanäle und damit einen Rückdruck (Reaktion) auf die Laufschaufeln zur Folge. Der Reaktionsdruck ergibt eine zusätzliche Kraftkomponente in der Richtung der Umfangsgeschwindigkeit.

Die beschriebenen Grundarbeitsweisen der Zoelly- und Parsonsturbine können je nach den Bedürfnissen, welchen die Turbine genügen soll, in der verschiedensten Art und Weise in einer Maschine vereinigt werden.

Eine vorteilhafte Bauart stellt die kombinierte Brown-Boveri-Turbine dar, bei welcher, wie schon angedeutet, der Hochdruckteil der reinen Reaktionsturbine durch ein ein- oder zweikränziges Gleichdruckrad ersetzt ist.

Die BBC-Turbinen kleinerer Leistung erhalten im Hochdruckteil ein teilweise beaufschlagtes Curtisrad (Geschwindigkeitsrad), welches einen verhältnismäßig großen Durchmesser hat. Infolge seiner großen Umfangsgeschwindigkeit kann man den Dampf schon in den Düsen ohne Schaden für den Dampfverbrauch auf einen verhältnismäßig niederen Druck entspannen lassen, so daß das Innere der Turbine überhaupt keinen hohen Drücken und übermäßigen Temperaturen ausgesetzt ist. An die Gleichdruckstufe schließt sich die Überdruckbeschaufelung an, welche, da sie voll beaufschlagt ist, und damit die Schaufelhöhen nicht zu gering ausfallen, auf einen wesentlich kleineren Durchmesser als ihn das Gleichdruckrad hat, angeordnet werden muß. Der die Mittel- und Niederdruckbeschaufelung tragende Läuferteil erhält dadurch keine großen Abmessungen und ist im ganzen nur schwach beansprucht; die Trommelausführung, welche sich schon bei den reinen Überdruckturbinen bewährt hatte, konnte sonach beibehalten werden.

Bei Turbinen mittlerer Leistung nimmt infolge der größeren Dampfmenge das Dampfvolumen im Niederdruckteil derart zu, daß eine erhebliche Vergrößerung des Durchmessers erforderlich wird, um die nötigen Durchgangsquerschnitte für die Beschaufelung unterzubringen. Da dies zu ungünstigen Abmessungen der Trommel und zu unzulässigen Beanspruchungen führen würde, ist Brown, Boveri & Cie. dazu übergegangen, die Trommel durch eine Reihe unmittelbar aneinander anschließender Scheiben, deren verbreiterte Kränze wieder eine Trommel bilden, zu ersetzen.

Für große Gefälle und hohe Wirkungsgrade ist die Erhöhung der Stufenzahl durch Aufteilung der Beschaufelung auf zwei getrennte Gehäuse möglich. Die beiden Zylinder sind dabei in der Dampfströmung gegeneinander geschaltet, so daß sich die axialen Schubkräfte aufheben.

Turbinen für die größtmögliche Leistung bei einer bestimmten Drehzahl oder die größtmögliche Drehzahl bei einer bestimmten Leistung (Grenzleistungsturbinen) führt Brown, Boveri & Cie. bei allen Drehzahlen als reine eingehäusige Scheibenturbinen aus, so daß reichliche Beschaufelungsquerschnitte untergebracht werden können. Das Geschwindigkeitsrad im Hochdruckteil wird durch mehrere einkränzige Gleichdruckräder ersetzt; diese können infolge der im Vergleich zum Scheibendurchmesser (Drehzahl) großen Dampfmenge voll beaufschlagt werden. Der Gleichdruckteil kann dann auch ohne Schaden für den Dampfverbrauch in den Mitteldruckteil fortgesetzt werden, da in dem anschließenden Überdruckteil die Austrittsverluste des Mitteldruckteiles wieder zurückgewonnen werden können.

Während die Zoelly-Turbinen, Bauart Escher-Wyß, mit Drosselregulierung arbeiten, sind die Brown-Boveri-Turbinen mit Düsenregelung ausgestattet. Abb. 90 zeigt den Schnitt durch die Drucklösteuerung der Kondensationsturbine.

Diese Regelungsart gestattet durch die Ausschaltung einzelner Düsengrößen, daß das volle Druckgefälle auch bei verschiedener Teilbelastung ausgenutzt wird. Auf diese Weise

werden die bei geringeren Belastungen erheblichen Drossel-
verluste wesentlich eingeschränkt.

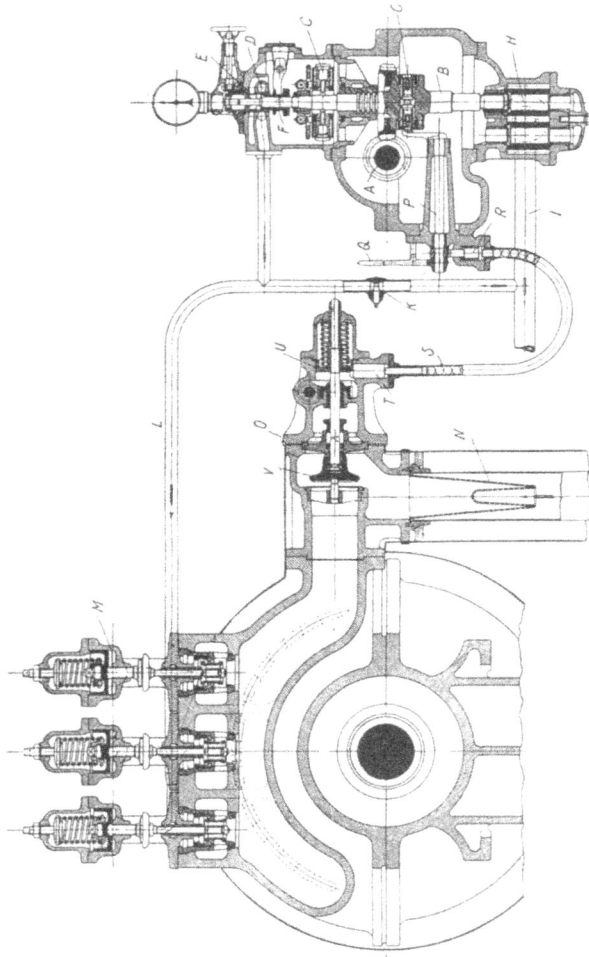

Abb. 90. Schnitt durch die Druckölsteuerung der Brown-Boveri-Kondensationsturbine.

Bei der gestängelosen Öldrucksteuerung dieser Turbine
erfolgt die Einwirkung des Reglers auf die nacheinander
öffnenden Düsenventile *M* nur durch Drucköl. Eine Zahnrad-
pumpe *H* fördert das Öl in die Steuerleitung unter die Kraft-

kolben M der Düsenventile. Eine Abzweigung dieser Öldruckleitung mündet in den Ringraum D des Reglergehäuses. Innerhalb dieses Ringraumes gleitet eine Muffe auf und nieder, welche
durch den Regler C gesteuert wird. Je nach der Höhenlage
überdeckt die Muffe mehr oder weniger einen Spalt des Ring-

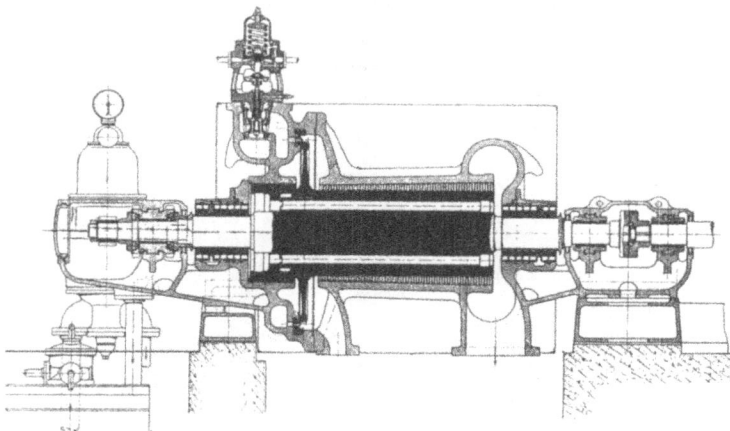

Abb. 91. Längsschnitt durch eine kombinierte BBC-Gegendruckturbine.

raumes, wodurch eine verschieden große Ölmenge durch den
offenen Spalt austreten und abfließen kann.

. Tritt eine Leistungssteigerung auf, so fällt im gleichen
Augenblick die Drehzahl ab, die Schwungkugeln des Reglers
gehen zusammen, heben die Muffe, und diese schließt den Ab-
laufspalt für das Öl weiter zu. Dadurch aber steigt der Öl-

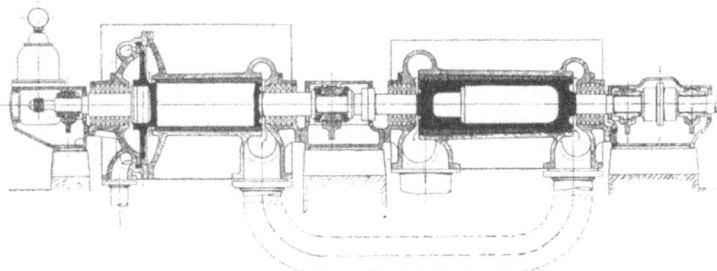

Abb. 92. Längsschnitt durch eine BBC-Zweizylinder-Gegendruckturbine von
1000—2000 kW, 3000 Umdr./min.

druck in der Steuerleitung, und damit steigt zugleich der Druck unter dem Kraftkolben der Düsenventile, dadurch aber vergrößert sich der Ventilhub. Da die dem Öldruck entgegenwirkenden Federn verschieden vorgespannt sind, und zwar immer stärker, so hebt sich zuerst das linke erste Ventil, dann das zweite und dritte. Die Vorspannung der Federn wird so bewirkt, daß das zweite Ventil erst anfängt sich zu öffnen, wenn das erste, schwächer vorgespannte Ventil seinen größten Hub erreicht hat. Bei Abnahme der Belastung findet der umgekehrte Vorgang statt.

Abb. 93. BBC-Gegendruck-Turbogruppe 690 kW/Frischdampf
12 ata, 280° C, Gegendruck 3,5 ata, Drehzahl 3000.

Abb. 91 und 92 zeigen eine kombinierte Ein- und Zweizylinder-Turbine. Abb. 93 zeigt die Ansicht einer Gegendruck-Turbogruppe von 690 kW. Der Zudampf hat eine Spannung von 12 ata und 288°. Die Maschine arbeitet auf einen Gegendruck von 3,5 ata. Die Drehzahl ist $n = 3000$.

Bei der Gegendruckturbine soll die Steuerung auf konstanten Gegendruck erfolgen, die Leistung richtet sich also nach der Heizdampfmenge. Der Steuerungsöldruck muß deshalb in Abhängigkeit vom Gegendruck gebracht werden. Nach Abb. 94 geschieht dies dadurch, daß vor den Kraftkolben des Einlaßventils ein Membrandruckregler geschaltet wird, welcher ein Drosselorgan in der Ölleitung bedient. In dem

Raum oberhalb der Membran mündet eine Verbindungsleitung zum Abdampfstutzen, die Membran steht also unter dem Abdampfdruck. Sinkt bei eintretendem Mehrbedarf der Abdampf-

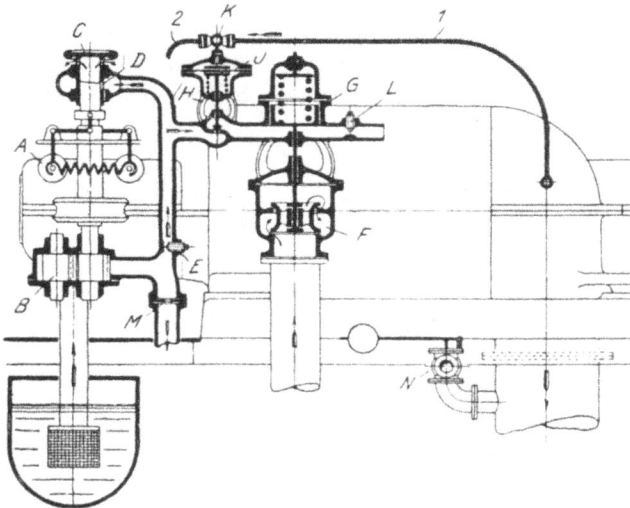

Abb. 94. Drucköelsteuerung der Brown Boveri-Gegendruckturbinen.

druck im ersten Augenblick, so wird die Membran durch die Feder nach oben durchgebogen, die Drosselwirkung des Ventiles wird vermindert. Der Druck unter dem Kraftkolben des Ventils wird erhöht, der Hub des Ventils wird vergrößert, und somit tritt mehr Dampf in die Turbine ein. Steigt der

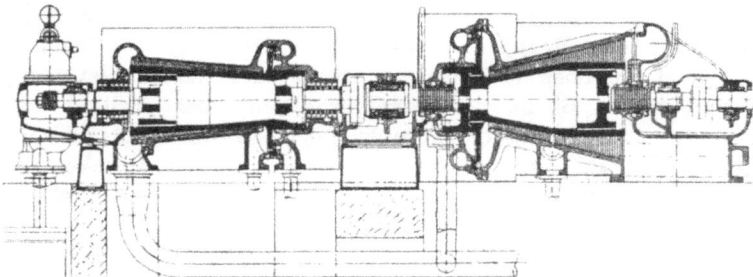

Abb. 95. Längsschnitt durch eine Zweizylinder-Entnahmeturbine.
Bauart BBC.

Heizdampfdruck, soll also die abströmende Heizdampfmenge verringert werden, so tritt der umgekehrte Vorgang ein.

Abb. 95 zeigt den Längsschnitt durch eine Zweizylinder-Entnahmemaschine. Es handelt sich um eine Turbine mit einer Leistung von 1600 kW. Der Zudampf hat eine Spannung von 31 ata und eine Temperatur von 400⁰. Der Entnahmedruck beträgt 4 ata. Auch hier sind wie bei den vorbeschriebenen

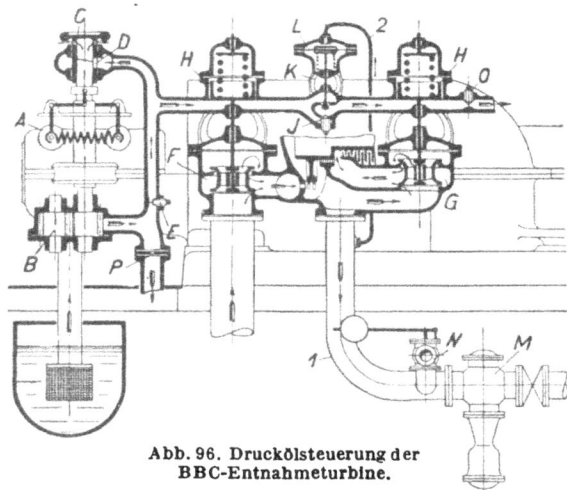

Abb. 96. Drucköleuerung der
BBC-Entnahmeturbine.

BBC-Turbinen die Ventile seitlich vom Gehäuse in besonderen Kästen untergebracht. Die Steuerung der BBC-Entnahmeturbinen erläutert das Schema der Abb. 96. Auch hier ist wie bei der Gegendruck-Turbine ein Membrandruckregler mit einem Drosselorgan in die Ölleitung eingeschaltet, und zwar so, daß er das Hochdruck- vom Niederdrucksystem trennt. Der Raum über der Membran ist mit dem Abdampfstutzen verbunden. Bleibt die Entnahme gleich, aber wechselt die Leistung, so bringt die augenblicklich einsetzende Änderung der Drehzahl eine gleichsinnige Änderung des Druckes in beiden Ölsystemen mit sich und somit ein Öffnen des Einlaß- und des Überströmventiles.

Ändert sich die Entnahmemenge und bleibt die Leistung konstant, so überträgt sich bei einer Verminderung die sich augenblicklich einstellende Druckerhöhung im Abdampf-

stutzen auf die Membran, welche also nach unten durchgebogen wird. Die Drosselung wird vermindert, es fließt mehr
Öl vom Hoch- zum Niederdrucköolsystem, und der Druck im
Hochdrucksystem sinkt, so daß sich der Hub des Einlaßventils
verringert. Im Niederdrucksystem steigt dagegen der Öldruck
und öffnet das Überströmventil, da jetzt mehr Dampf durch
den Niederdruckteil strömen muß, um dort die Leistung zu
erzeugen, die vorher von dem Entnahmedampf im Hochdruckteil geleistet wurde.

Werden zwei Heizdampfdrücke benötigt, wie es in Papier-
und Zellulosefabriken meist der Fall ist, und will man die
Verluste vermeiden, welche durch Drosselung des höher-

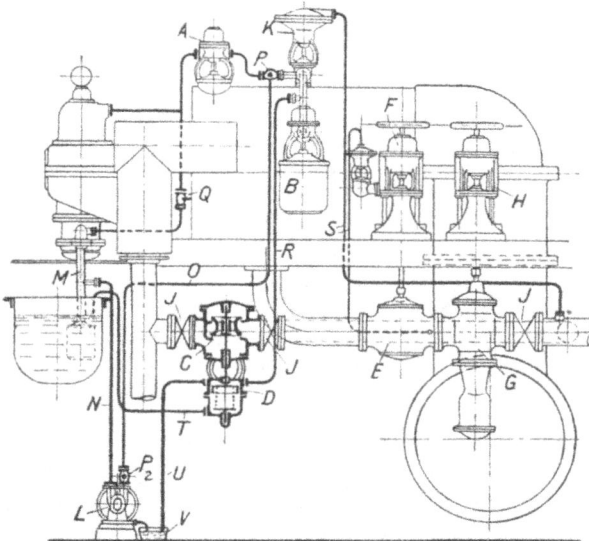

A Düsenventil	J Absperrschieber	R Drucköolleitung vom
B Überströmventil	K Druckregler	Druckregler z. Frisch-
C Frischdampfzusatzvent.	L Motorzahnradpumpe	dampfzusatzventil
D Kraftkolben dazu	M Saugstutzen d. Ölleitg.	S Dampfleitung von der
E Druckregulierventil in	N Saugleitung z. Motor-	Anzapfdampfleitung z.
der Heizleitung	pumpe	Druckregler bzw. zur
F Drucköolsteuerung mit	O Druckleitung von der	Steuerung des Druck-
Druckregler dazu	Motorpumpe z. Druck-	regulierventiles
G Rückströmventil in der	regler	T Ölrücklaufleitung
Heizleitung	P Rückschlagventil	U Ölablaufleitung
H Sicherheitssteuerg. dazu	Q Regulierventil	V Ölsammelgefäß

Abb. 97. Anordnung einer BBC-Anzapfturbine mit öolgesteuertem Frischdampfzusatzventil, Motoröolpumpe, öolgesteuertem Druckregulierventil und Rückström-
ventil in der Heizleitung.

gespannten Dampfes auf den niedrigeren Druck entstehen, so besteht die Möglichkeit, eine Entnahme-Gegendruckturbine aufzustellen. Eine weitere Möglichkeit bietet die Doppel-Entnahmeturbine, bei der beide Entnahmedrücke gesteuert werden. Eine solche BBC-Doppel-Entnahmeturbine von

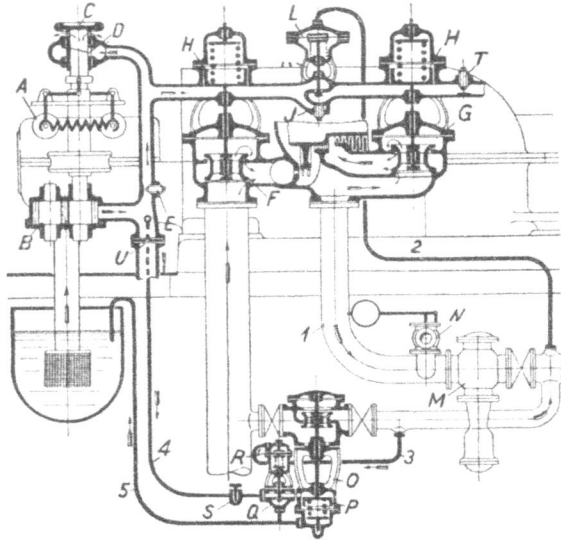

Erklärung:

A Hauptregulator	K Druckregler	T Ölablaufregulier-ventil
B Zahnradölpumpe	L Membrane zu K	U Blende
C Ölregulierbüchse	M Rückschlagventil	1 Entnahmeleitung
D Ölregulierschlitz	N Sicherheitsventil	2 Dampfleitung zu K
E Ölregulierventil	O Frischdampfzusatz-ventil	3 Dampfleitung zu Q
F Einlaßventil	P Kraftkolben zu O	4 Öldruckleitung zu Q
G Überströmventil	Q Druckregler zu O	5 Ölrücklaufleitung von O und Q
H Kraftkolben zu F und G	R Membrane zu Q	
J Umlauf z. Ausschalten	S Ölregulierventil	

Abb. 98. Regelung einer BBC-Entnahmeturbine mit Frischdampfzusatzventil.

2000 kW Leistung bei $n = 3000$, die mit Dampf von 33 ata und 375° betrieben wird, ist seit einem Jahr in den Industriewerken A.-G., Monheim, anstandslos in Betrieb. Bei 11 ata werden 8000 kg/h, bei 3 ata 10000 kg/h entnommen[1]).

---

[1]) Siehe Fußnote S. 135.

Abb. 97 bis 100 zeigen vier schematische Darstellungen von Regelungen an Entnahmeturbinen zu Heizungszwecken für verschiedene Sonderfälle, und zwar veranschaulicht:

Abb. 97 die Anordnung einer Anzapfturbine.

Abb. 98 die Regelung einer BBC-Entnahmeturbine mit Frischdampfzusatzventil.

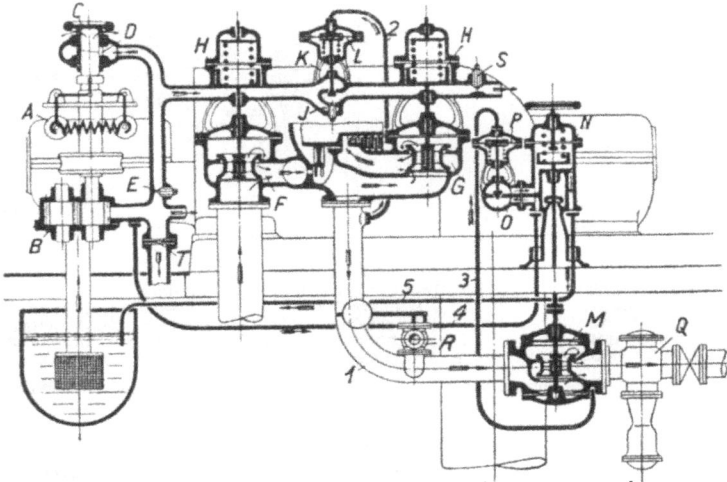

A Hauptregulator	J Umlauf z. Ausschalten	R Sicherheitsventil
B Zahnradölpumpe	K Druckregler	S Ölablaufregulierventil
C Ölregulierbüchse	L Membrane zu K	T Blende
D Ölregulierschlitz	M Druckregulierventil	1 Entnahmeleitung
E Ölregulierventil	N Steuerung zu M	2 Dampfleitung zu K
F Einlaßventil	O Druckregler zu N	3 Dampfleitung zu O
G Überströmventil	P Membrane zu O	4 Druckölleitung zu N
H Kraftkolben zu F u. G	Q Rückschlagventil	5 Ölrücklaufleitg von N

Abb. 99. Regelung einer BBC-Entnahmeturbine mit Druckregelventil in der Heizleitung.

Abb. 99 die Regelung einer BBC-Entnahmeturbine mit Druckventil in der Heizleitung und

Abb. 100 die Regelung einer BBC-Entnahmeturbine mit zwei Entnahmestellen.

Abb. 101 zeigt zuletzt den Schnitt durch eine Hausturbine mit zwei Gehäusen, Bauart AEG, zur Vorwärmung des Speisewassers in einem Großkraftwerk. Der Zudampfdruck ist

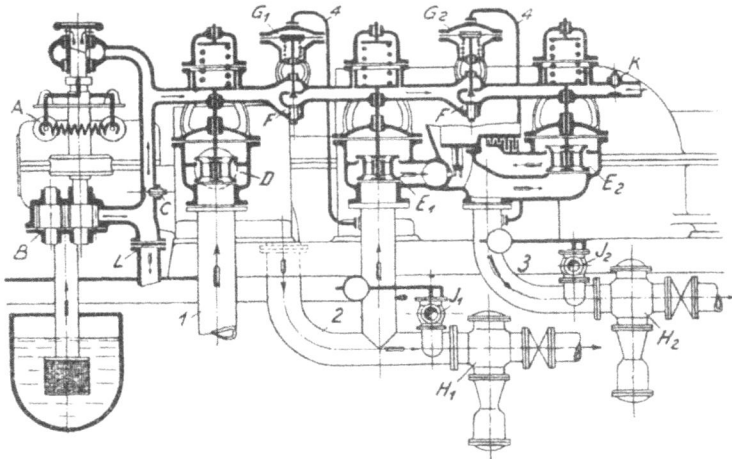

Erklärung:

A Hauptregulator	F Umlauf z. Ausschalten	L Blende
B Zahnradölpumpe	$G_{1,2}$ Druckregler	1 Frischdampfleitung
C Ölregulierventil	$H_{1,2}$ Rückschlagventile	2 erste Entnahmeleitg.
D Einlaßventil	$J_{1,2}$ Sicherheitsventile	3 Zweite Entnahmeleitg.
$E_{1,2}$ Überströmventile	K Ölablaufregulierventil	4 Dampfleitung zu $G_{1,2}$.

Abb. 100. Regelung einer BBC-Entnahmeturbine mit 2 Entnahmestellen.

53,5 ata, die Entnahmedrücke sind 4,0 und 0,45 ata. Die Leistung der Hausturbine ist 10000 kW bei 3000 Umdr./min.

6. Gegendruck- und Entnahme-Kolbenmaschinen[1]).

Die Wettbewerbmöglichkeit ist für die Kolbenmaschine gegenüber der Dampfturbine um so größer, je mehr der ungünstig arbeitende Niederdruckteil ausgeschaltet wird. Bei Betrieb mit reiner Kondensation ist die Dampfturbine der Kolbenmaschine von vornherein bei stationären Anlagen überlegen. Die Möglichkeit des Wettbewerbes für die Kolbendampfmaschine wird größer, wenn bei Zwischendampfentnahme der Niederdruckzylinder verhältnismäßig wenig leistet, und noch mehr, wenn der Niederdruckzylinder bei Einzylinder- oder Zwillings-Gegendruckmaschinen ganz fortfallen kann. Die

---

[1]) Die nachstehenden Ausführungen lehnen sich mit Erlaubnis des Verfassers an den Aufsatz von Obering. J. Kluitmann, Berlin, »Die Kolbenmaschine als neuzeitliche Kraftmaschine«, an. Z. d. V. d. I., Nr. 46/1927, S. 1601.

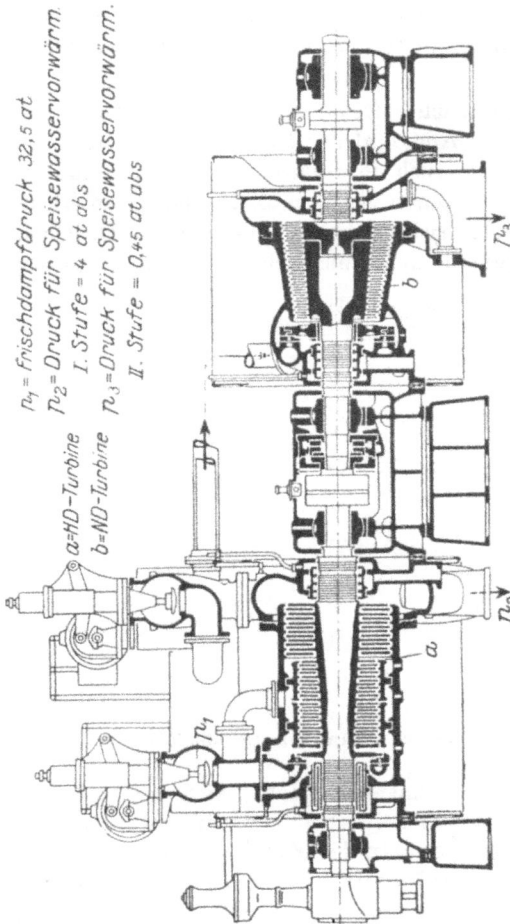

$p_1 = $ Frischdampfdruck 32,5 at.
$p_2 = $ Druck für Speisewasservorwärm.
I. Stufe = 4 at abs
$p_3 = $ Druck für Speisewasservorwärm.
II. Stufe = 0,45 at abs

$a = $ HD-Turbine
$b = $ ND-Turbine

Abb. 101. Schnitt durch eine AEG-Hausturbine zur Stufenvorwärmung des Speisewassers.

obere Grenze liegt in diesem Falle bei 1500 PS_i; es gibt aber Einzelfälle, wo bei 2000 PS Leistung die Kolbenmaschine wirtschaftlich ist, weil sie infolge der Dampfersparnis die höheren Kosten der Anschaffung und Aufstellung wettmacht.

Bei Leistungen über 2000 PS hat die Kolbendampfmaschine, wenigstens bei Landanlagen, der Dampfturbine das Feld räumen müssen; denn bei diesen Leistungen beginnt die niedrige Drehzahl der Kolbenmaschine auch den Preis des elektrischen Teils der Anlage, des Stromerzeugers, mit dem Kraftmaschinen dieser Größe vorwiegend gekuppelt sind, stark zu erhöhen.

Grundsätzlich haftet aber der Kolbenmaschine der Mangel an, daß Öl im Abdampf der Maschine und trotz bestmöglicher Entölung sich auch in Spuren im Dampfkondensat wiederfindet. Diese Spuren genügen aber vollauf, um einen einwandfreien Kesselbetrieb bei hohen und höchsten Drücken zu unterbinden. Auf die Gefahren, welche ölhaltiges Speisewasser für

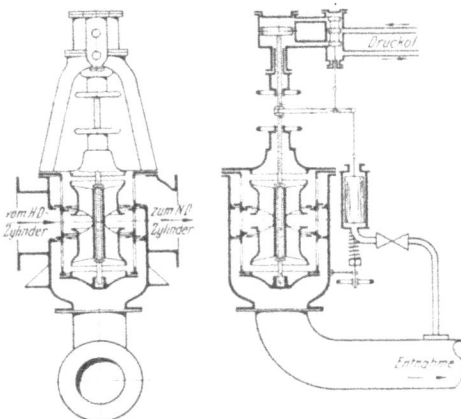

Abb. 102 und 103. Entnahmeregler, Bauart Wumag, Görlitz.

Hochdruckkessel mit sich bringt, wird Verfasser in Band III näher eingehen. Allein schon aus diesem Grunde erscheinen die Zukunftsaussichten für Kolben-Hochdruckmaschinen sehr gering, ihr Anwendungsfeld wird sich — abgesehen von Sonderbauarten mit stoßweiser Dampfaufnahme — auf kleine Leistungen bei einfachster Ausführung als einzylindrige Gegendruck- oder einfache Entnahmemaschine beschränken.

Bei Kolbendampfmaschinen mit Zwischendampfentnahme zweigt man vom Aufnehmer eine Dampfentnahmeleitung ab. Man läßt also nur einen Teil des der Maschine zugeführten Dampfes auch im *ND*-Zylinder Arbeit leisten und regelt die Dampfentnahme durch Verändern der Leistung des *ND*-Zylinders, wobei die Druckschwankungen in der Ent-

nahmeleitung diese Regelung einleiten, welche als Drossel-
oder Füllungsregelung wirken kann.

Einen Entnahmeregler der ersten Art (Bauart Wumag)
zeigen Abb. 102 und 103. Zwischen den Leitungen vom *HD*-
zum *ND*-Zylinder und zur Entnahmestelle wird durch einen
Drucköl-Servomotor ein Drosselschieber betätigt, der den
Durchgang des Dampfes vom *HD*-Zylinder in den *ND*-Zylinder
oder in die Entnahmeleitung beeinflußt. In den Grenzstellungen
wird entweder nur so viel Dampf in den *ND*-Zylinder geleitet,
daß dieser nicht trocken läuft, während die übrige Dampfmenge der Entnahmestelle zufließt oder der Dampf tritt ganz
in den *ND*-Zylinder über, so daß die Entnahmeleitung keinen
Dampf erhält.

Man kann also die Leistung der Maschine zwischen Voll
und etwas über Halb ändern, wobei angenommen sei, daß man
die Leistung zu gleichen Hälften auf *HD*- und *ND*-Zylinder
verteilt hat, und auf der anderen Seite die Entnahmemenge
von 0 bis auf ungefähr 100 v. H. der
in die Maschine eingeleiteten Dampfmenge steigern. Allerdings ist diese
Art der Regelung nicht ideal, da der
ND-Zylinder fast stets mit gedrosseltem Dampf arbeitet, was Verluste bedingt. Man wendet diese Regelung nur
noch da an, wo man sich nicht ent-
schließen kann, die Steuerung des *ND*-
Zylinders umzubauen. Immerhin hat
die Vorrichtung den Vorzug, daß man
sie in Reihen herstellen und in kurzer
Zeit jede Verbundmaschine in eine Entnahmemaschine umbauen kann.

Sehr viel häufiger werden Ent-
nahmevorrichtungen angewendet, bei
denen durch die Schwankungen des
Entnahmedrucks die Steuerung des
ND-Zylinders, d. h. dessen Füllung,
verstellt wird, und zwar in Grenzen
von ∼ 5 v. H. (damit der Zylinder nicht
leer mitläuft) bis zu einer Höchstfüllung

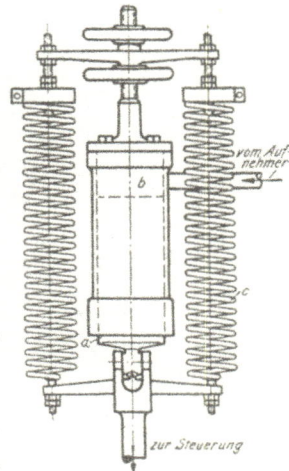

Abb. 104. Unmittelbar wirkende, die Füllung des *ND*-
Zylinders verändernde Ent-
nahmevorrichtung von
A. Borsig, Berlin-Tegel

a Tauchkolben
b Druckzylinder
c Federn zum Erzeugen
   der Gegenkraft

von rd. 70 v. H. Abb. 104 zeigt eine unmittelbar wirkende Regelung dieser Art von A. Borsig. Der Aufnehmerdampf tritt über
einen Tauchkolben a im Druckzylinder b, der mit der Ein-
laßsteuerung des ND-Zylinders in Verbindung steht. Die
Gegenkraft wird durch zwei Federn c ausgeübt. Druck-
änderungen in der Entnahmeleitung lösen also Verstellkräfte
zur Veränderung der Füllung des ND-Zylinders aus.

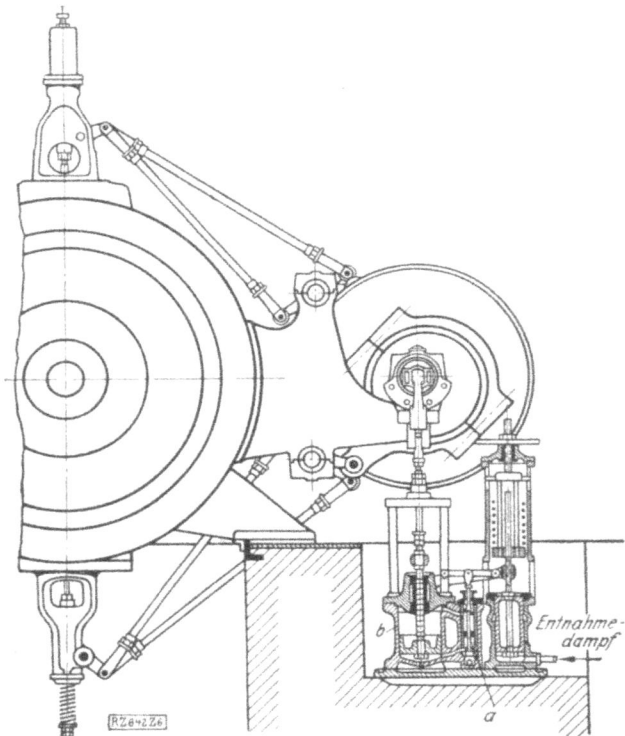

Abb. 105. Entnahmeregler mit Füllungsregelung und Servomotor,
Bauart Wumag
a Ölschieber b Druckölzylinder.

Diese Einrichtung eignet sich aber nur für Steuerungen,
die kleine Verstellkräfte erfordern (Ausklink-Steuerungen).
Für andere Steuerungen benützt man eine Servoeinrichtung,
Abb. 105. Der Entnahmedampf wirkt hier auf einen Ölschieber a;

dieser teilt Drucköl einem Zylinder *b* zu, der die Steuerung des *ND*-Zylinders verstellt. Diese Verstellung kann auch elektrisch erfolgen.

Grundsätzlich haben alle Zwischendampf-Entnahmemaschinen den Fehler, daß immer ein Teil des Dampfes in den Kondensator entweicht, da der *ND*-Zylinder nicht ganz leer mitlaufen darf. Außerdem kann die Maschine bei voller Zwischendampfentnahme nie mehr als etwa die halbe Höchstleistung entwickeln, während kein Zwischendampf entnommen werden kann, wenn die Maschine mit Höchstbelastung fährt.

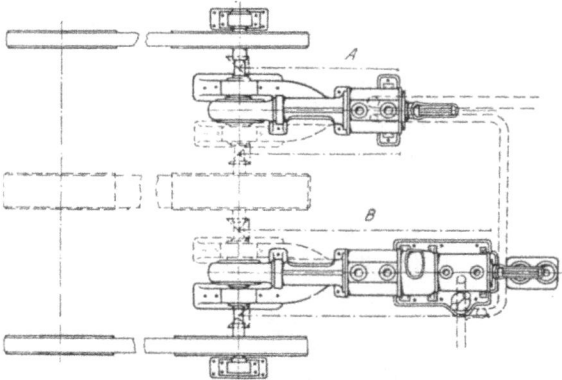

Abb. 106. Abdampfentnahme aus gekuppelten Maschinen.
A Einzylinder-Dampfmaschine   *B* Verbunddampfmaschine
mit Kondensation.

Leistung und Entnahmemöglichkeit wirken hier also einander entgegen, während der Betrieb vielfach das Umgekehrte verlangt.

Diesem Übelstand sucht man durch einstufige Maschinen mit Abdampfentnahme abzuhelfen.

Es sind verschiedene Anordnungen möglich. Die einfachste ergibt sich, wenn dauernd mehr Abdampf gebraucht wird, als dem Kraftbedarf des Betriebes entspricht. Dann kann die Maschine als reine Gegendruckmaschine arbeiten, d. h. der ganze Abdampf wird in das nachgeschaltete Heiznetz geschickt.

In einem anderen Falle sind z. B. zwei Maschinen vorhanden, die mechanisch oder elektrisch gekuppelt sind. In Abb. 106 ist Maschine *A* eine Einzylindermaschine, deren Lei-

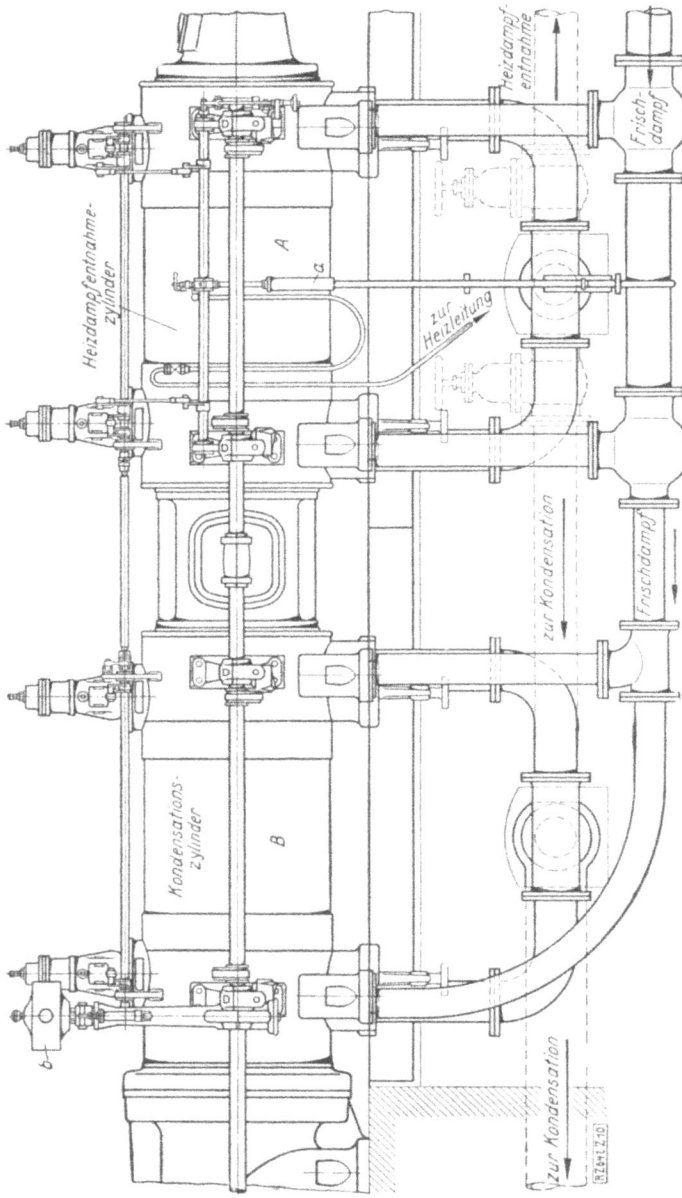

Abb. 107. Tandem-Zwillingsmaschine mit vereinigter Leistungs- und Entnahmeregelung, Bauart Hartmann.
a Entnahmeregler für Heizdampf-Entnahmezylinder A   b Geschwindigkeitsregler für den Kondensationszylinder B.

stung entsprechend dem Abdampfbedarf durch Verändern der Füllung geregelt wird, wobei der ganze Dampf in die Abdampfleitung geht. Maschine *B* ist eine Verbundmaschine mit Kondensation, die den Mehrbedarf an Leistung gegenüber Maschine *A* deckt und bei schwankendem Bedarf an Leistung geregelt wird. Sie kann auch eine Einzylindermaschine sein, die mit Kondensation oder bei großem Grundbedarf an Abdampf mit Gegendruck arbeitet. Es muß aber dafür gesorgt werden, daß die Maschinen nicht durchgehen, wenn mehr Abdampf gebraucht wird, als der Summe ihrer Leistungen entspricht. In diesem Falle muß der Bedarf an Abdampf zum Teil aus der Frischdampfleitung oder aus Speichern gedeckt werden. Diese Anordnung ist dann am Platze, wenn die Leistung einer Anlage durch Aufstellen einer zweiten Maschine erhöht werden soll.

Nach Abb. 107 kann die Leistungs- und Abdampfregelung auch in ein und derselben Maschine erfolgen. Bei dem Zylinder *A* wird durch den Entnahmeregler *a* die Leistung verändert, während die Leistung von Zylinder *B* durch einen Geschwindigkeitsregler *b* eingestellt wird. Zu beachten ist, daß dieser Regler beim Überschreiten der vorgeschriebenen Drehzahl auch im Zylinder *A* die kleinste Füllung einstellt. Im übrigen geht auch bei dieser Anordnung Dampf an die Kondensation verloren, da der Zylinder *B* nicht ganz leer mitlaufen darf.

Abb. 108 zeigt, wie dieser Nachteil des Mitschleppens eines Zylinders vermieden werden kann. Hier ist nur noch ein Zylinder vorhanden. Die Deckelseite *B* arbeitet mit Abdampfentnahme und wird durch den Entnahmeregler *a* gesteuert. Die Kurbelseite *A* arbeitet auf Kondensation. Die Regelung der Leistung wird hier durch den Geschwindigkeitsregler *b* bewirkt. Auch hier werden bei Drehzahlüberschreitung beide Seiten auf die Kleinstfüllung eingestellt; doch ist hier auf der Seite *A* voller Leerlauf möglich.

Auch bei den Anordnungen nach Abb. 107 und 108 läßt sich die Abdampfentnahme nur bis zu der der halben Höchstleistung entsprechenden Dampfmenge steigern. Im Gegensatz zu den Maschinen mit Zwischendampfentnahme ist es hier aber möglich, die größte Dampfmenge bei Höchstleistung zu entnehmen.

Einen weiteren Schritt in dieser Richtung bedeutet die Einzylinder-Entnahmemaschine, Bauart Starke & Hoffmann (Abb. 109). Hier werden auf jeder Seite zwei Auslaßventile hintereinandergeschaltet, ein Ventil *a*, das vom Regler unabhängig und auf feste Vorausströmung von rd. 10 v. H. und 10 v. H. Verdichtung eingestellt ist, sowie darunter ein Ventil *b*,

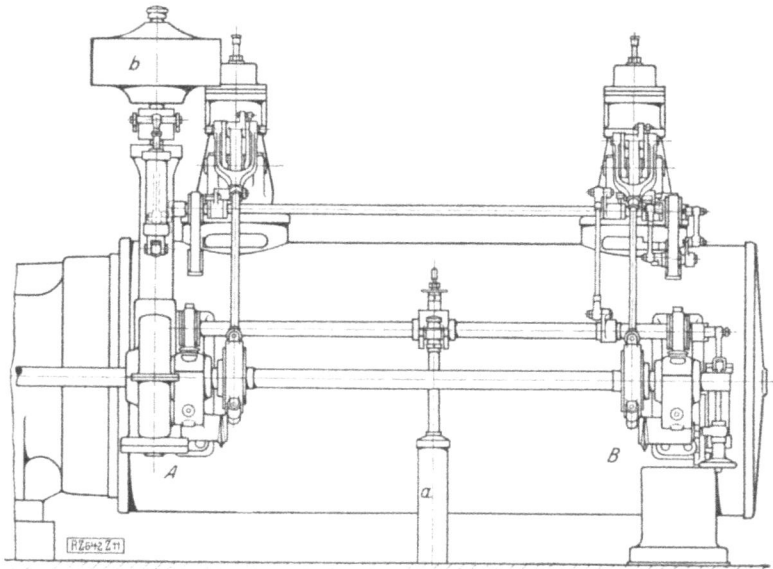

Abb. 108. Einzylindermaschine mit vereinigter Leistungs- und Entnahmereglung, Bauart Hartmann
a Entnahmeregler der Deckelseite *B* des Zylinders
b Geschwindigkeitsregler der Kurbelseite *A* des Zylinders.

das durch den Entnahmeregler beeinflußt wird und ebenfalls feste Vorausströmung von rd. 10 v. H., aber veränderliche Verdichtung zwischen 30 und 110 v. H. ergibt. Im letzteren Fall öffnet sich das Ventil überhaupt nicht. Der Raum hinter diesem Ventil steht mit dem Kondensator, der Raum zwischen den Ventilen *a* und *b* mit der Entnahmeleitung in Verbindung. In diesem Raum sind noch Rückschlagventile *c* angeordnet, die sich schließen, wenn der Druck unter den Entnahmedruck sinkt.

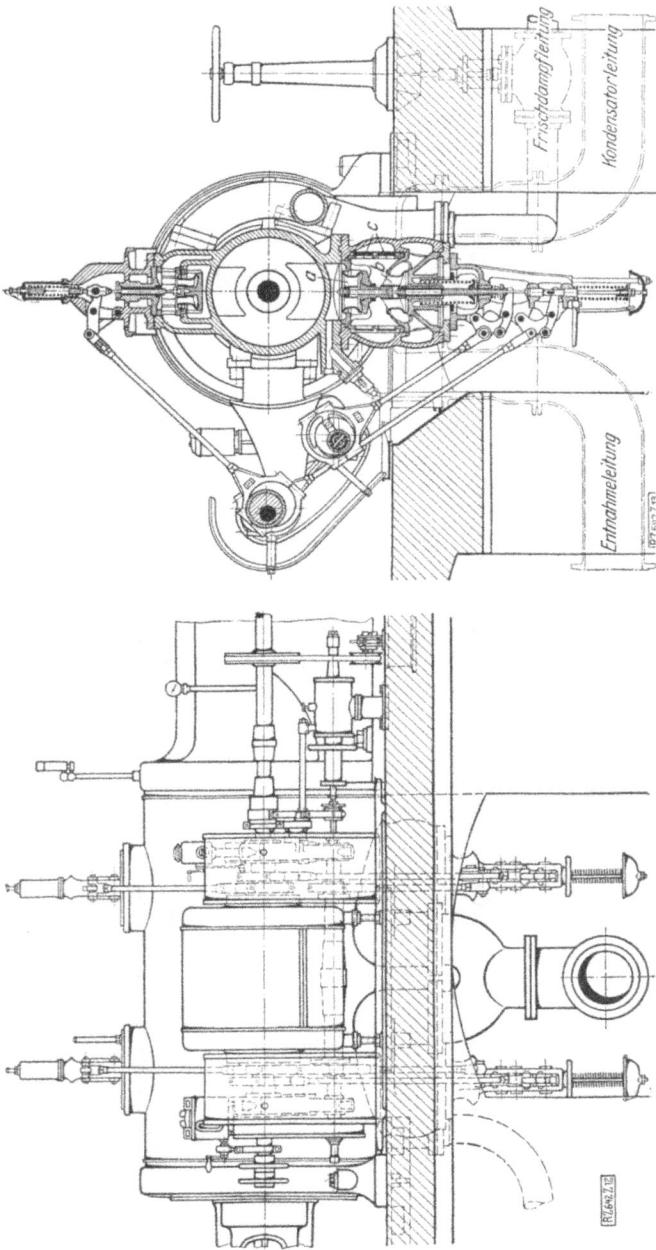

Abb. 109. Einzylinder-Entnahmemaschine, Bauart Starke & Hoffmann, Hirschberg i. Schl.

170

Abb. 110. Einzeldiagramme eines Betriebes mit Entnahmemaschine bei verschieden starker Entnahme.
550 mm Zyl.-Durchm., 650 mm Hub, 150 Umdr./min, 350 bis 400 PS, 9,4 ata, 275° Zudampf, 2,4 at Entnahmedampf.

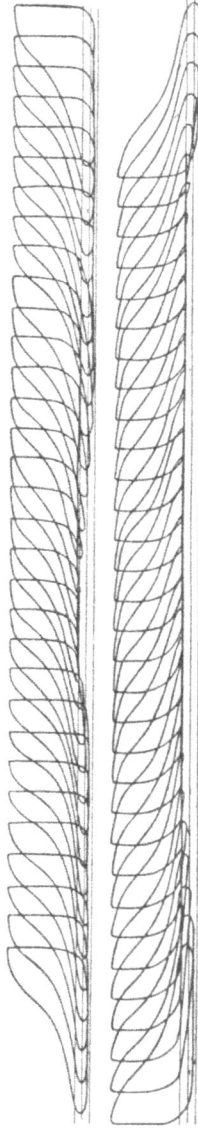

Abb. 111. Fortlaufende Diagramme eines Betriebes mit Entnahmemaschine.
370 mm Zyl.-Durchm., 750 mm Hub, 102 Umdr./min, 120 bis 170 PS, 10,5 at, 300° Zudampf, 0,95 ata Entnahmedruck.

Soll kein Abdampf entnommen werden, so öffnet sich das Ventil *b* voll und stellt, wie bei einer gewöhnlichen Einzylinderkondensationsmaschine, 30 bis 40 v. H. Verdichtung ein, die bis zum Schließen von Ventil *a*, also bis zu rd. 10 v. H. vor dem Totpunkt, mit dem zusätzlichen schädlichen Raum zwischen den Ventilen *a* und *b* stattfindet, da die Rückschlag-

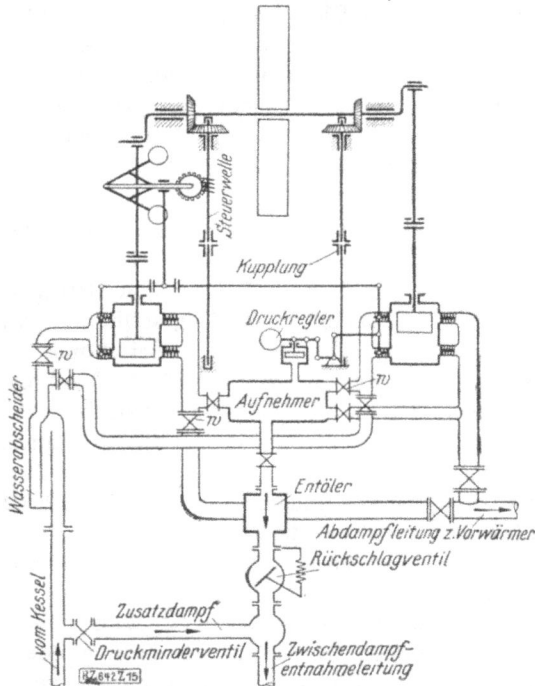

Abb. 112. Zweizylindermaschine von A. Borsig für eine Spinnerei in Ostasien.

ventile geschlossen sind. Bei Dampfentnahme stellt der Abdampfregler höhere Verdichtung ein, und vom Beginn der Vorausströmung bis zum Ende der Verdichtung ist der Zylinder mit dem Kondensator verbunden. Von da ab aber steigt der Druck im Zylinder, bis der Entnahmedruck erreicht wird; dann öffnen sich die Rückschlagventile und der Abdampf wird in die Entnahmeleitung ausgeschoben, bis das Ventil *a* bei 10 v. H. vor dem Totpunkt den Zylinder abschließt.

Je größere Verdichtung das Ventil *b* einstellt, um so mehr
Abdampf wird entnommen. Bei voller Abdampfentnahme
bleibt das Ventil *b* geschlossen, es gelangt also kein Dampf in
die Kondensation. Die Diagramme in Abb. 110 und 111 zeigen
die verschiedenen Stufen des Entnahmebetriebes. Die Bauart
hat den Vorteil, daß man an Abdampf bis zu 100 v. H. der der
Maschine zugeführten Dampfmenge entnehmen und die Leistung bis zum Höchstwert steigern kann, auch wenn kein
Abdampf gebraucht wird. Selbst bei voller Abdampfentnahme
kann die Leistung fast den Höchstwert erreichen, wenn man
von dem Diagrammstreifen unter der Gegendrucklinie absieht.
Bei voller Entnahme geht auch kein Dampf an die Kondensation verloren.

Eine Anlage, die die vorbeschriebene Anpaßungsfähigkeit
der Kolbendampfmaschine deutlich kennzeichnet, wurde von
der Firma A. Borsig für eine Spinnerei in Ostasien geliefert.
Sie ist in Abb. 112 schematisch dargestellt. Die Zweikurbel-
maschine hat zwei gleiche Zylinder, arbeitet mit Gegendruck
und läßt sich bei großem Kraftbedarf als Zwillingsmaschine
oder als Verbundmaschine (Zylinderverhältnis 1:1) mit Zwischendampfentnahme betreiben, wobei die *ND*-Seite allerdings
wenig leistet. Sie kann auch im Notfall als Einzylindermaschine laufen, wenn die andere Seite ausfällt. Der Drehzahlregler wirkt entweder auf die rechte oder auf die linke Seite
oder auf beide Seiten, der Entnahmeregler und die Steuerwellen
lassen sich auskuppeln. Beim Ausschalten der einen Maschinen-
seite muß man natürlich auch die Schubstange abhängen. Alle
übrigen Umstellungen werden durch Lösung oder Einlegen
einfacher Kupplungen sowie durch Umlegen von Wechsel-
ventilen ausgeführt.

Die Verheizung hochwertiger Anfallgase.

In den Abschnitten III bis V des vorliegenden Bandes war
der Zusammenbau von Abwärmeverwertungsanlagen zu Heizungszwecken und zur Krafterzeugung betrachtet worden, und
zwar so weit, als Kraftmaschinen und Öfen aller Art als Abwärme-
abgeber in Frage kommen. Hinzu tritt heute die unmittelbare
Verheizung brennbarer, hochwertiger Anfallgase zur Wärmebelieferung von Dampfkesseln und Heizungen aller Art und
gerade diese Art der Verwendung sowie die Möglichkeit der
Fernleitung solcher Gase eröffnen in wirtschaftlicher Beziehung weitreichende Zukunftsaussichten. Hierüber wird im
nächsten Abschnitt noch eingehender die Rede sein.

Bei dem Zusammenbau solcher Abwärmeverwertungsanlagen tritt die Gasfeuerung als neues Konstruktionselement
hinzu, welches dem Oberflächenwärmeaustauscher vorgeschaltet
ist und die herangeführten Kraftgase verbrennt. Die Verbrennungsgase dieser Feuerungen dienen dann zur Erwärmung
bzw. Verdampfung von Wasser.

Gasfeuerungen müssen folgenden Ansprüchen Rechnung
tragen:

1. Die Anlagen sollen sich in ihrer Ausführung wie auch
   in ihren Größenverhältnissen den zu verbrennenden Gasarten und den Wärmebeanspruchungen der Kessel anpassen.

2. Die Gasfeuerungsanlagen sollen alle zugeführten Gasarten mit geringstem Luftüberschuß verbrennen und,
   zwar derart, daß in den Abgasen keine brennbaren Gase
   mehr enthalten sind.

3. Der Temperaturunterschied zwischen dem Ort der Verbrennung und demjenigen, an welchem die Abgase den
zu beheizenden Kessel verlassen, soll so groß wie möglich
sein, um Abwärmeverluste möglichst zu vermeiden.

Folgende Gasarten kommen für die Verheizung in Frage:

Hochofengas mit etwa . . . . 800—900 kcal/m³
Generatorgas » » . . . . 1000—1300 »
Wassergas » » . . . . 2500—2700 »
Koksofengas » » . . . . 3500—4000 »
Leuchtgas » » . . . . 4500—5000 »
Schwelgas » » . . . . 5000—8000 »
Erdgas » » . . . . 8000—10000 »

Den Rechnungen kann man überschläglich zugrunde
legen, daß zur vollkommenen Verbrennung der Heizstoffe
annähernd pro 1000 kcal 1 m³ Luft benötigt wird. Genauere
Zahlen lassen sich aber nur an Hand von Gasanalysen in
jedem einzelnen Falle errechnen. Allgemein ergibt sich eine
größere Abgasmenge bei Heizstoffen mit geringem Heizwert
und eine kleinere bei hochwertigen Heizgasen. Demzufolge
erhält man bei der Verbrennung von Hochofengas die geringsten (Feuer-) Temperaturen und größten Abgasmengen und
bei der Verwendung von Erdgasen die höchsten Feuertemperaturen bei geringsten Abgasmengen unter der Voraussetzung,
daß den Gasen die zur vollkommenen Verbrennung notwendigen Luftmengen zugesetzt werden.

Aus dieser Tatsache und aus den verschiedenen Behei-
zungsmöglichkeiten sowie Erfordernissen der zu beheizenden
Kessel ergeben sich verschiedene Bauarten der Brenner, deren
Einzelkonstruktionen großer Erfahrungen bedürfen. Für einen
Flammrohrkessel muß entsprechend der Abgasführung in dem
Flammrohr eine andere Bauart angewendet werden als bei
einem Steilrohrkessel. Auch ist eine entsprechende Modell-
änderung notwendig, wenn Überschußgase zur Verbrennung
in einer Zusatzfeuerung in Frage kommen, sodann richtet sich
die Brennergröße nach der Dampfbeanspruchung der Kessel
je Quadratmeter Heizfläche und Stunde.

Bei der Beheizung normaler Wasserrohrkessel muß darauf
geachtet werden, daß die unteren Rohrreihen nicht zu sehr

den hohen Temperaturen bzw. der strahlenden Wärme ausgesetzt werden, da in ihnen die entstehenden Dampfblasen
durch die leicht eintretende Verschlammung — welche bedingt ist durch die Tieflage der Rohre — den größten Widerstand beim Verlassen dieser Rohre finden. Die Dampfblasen
bewegen sich sehr langsam an der Rohrwandung entlang, sie
legen sich zwischen die wärmeabgebenden Gase und die wärme-
aufnehmende Wand und hindern somit den Wärmedurchgang
an das Wasser in sehr erheblicher Weise. Die Isolationswirkung
wird noch erhöht durch die geringe Wärmeleitfähigkeit des
Schlammes. Aus diesem Grunde ordnet man die Brenner so
tief als möglich an, benutzt meistens Flachbrenner und über-
baut sie außerdem in der Feuerung noch mit einer Haube aus
feuerfestem Material.

Des weiteren sind an Gasfeuerungen die Bedingungen zu
stellen, daß sie möglichst einfach und widerstandsfähig gebaut werden. Vor allem dürfen keine beweglichen Teile zur
Anwendung kommen, schon aus dem Grunde nicht, weil
alle Gase mehr oder weniger Schmutzstoffe mit sich reißen,
welche die gute Verbrennung der Heizgase beeinflussen müssen,
wenn der Brenner nicht sehr einfach durchkonstruiert ist.
Zuletzt aber muß bei jedem Brenner doch eine Verschmutzung
eintreten. Es ist infolgedessen als weitere Konstruktions-
bedingung eine leichte Reinigungsmöglichkeit derselben aufzustellen, d. h. die Brenner müssen so gebaut werden, daß ihr
Inneres mit geringem Arbeits- und Zeitaufwand freigelegt
und schnell von den abgelagerten Schmutzstoffen gereinigt
werden kann. Es verbietet sich somit jede Feinfühligkeit des
Brenners, da sonst Betriebsstörungen eintreten müssen. Vor
allem muß aus diesem Grunde jede selbständige Einregulierung,
z. B. die automatische Zuschaltung der Luft zu den Gasen in
Abhängigkeit vom jeweiligen Gasdruck, unterbleiben. Diese
letzte Konstruktionsregel wird sehr oft nicht beachtet und
bietet dann die Veranlassung zu erheblichen Betriebsstörungen
und zuletzt zum Wiederausbau von Gasfeuerungen. Hinzu
tritt bei selbsttätigen Einrichtungen noch die Gefahr von
Explosionen. Dies ist leicht aus der Tatsache zu erklären, daß
jeder selbsttätig betriebene Apparat schon infolge der Schmutz-
einflüsse nur eine kleine Zeitspanne richtig arbeitet. Der

Heizer kümmert sich nicht um die Anlage, weil sie »automatisch«
arbeitet. Kommt dann die Anlage zum Stillstand, ohne daß
der Fehler rechtzeitig gemerkt wird, so tritt der Gefahrpunkt ein.

Früher wurden einzelne Räume mit Gasfeuerung beheizt.
Aber wie im Auslande mehren sich auch heute in Deutschland die Anzeichen dafür, daß die Zentralheizung mittels
Gasfeuerung sich durchsetzt, vor allem in den Industrie-
bezirken, wo in den umfangreichen Kokereibetrieben das

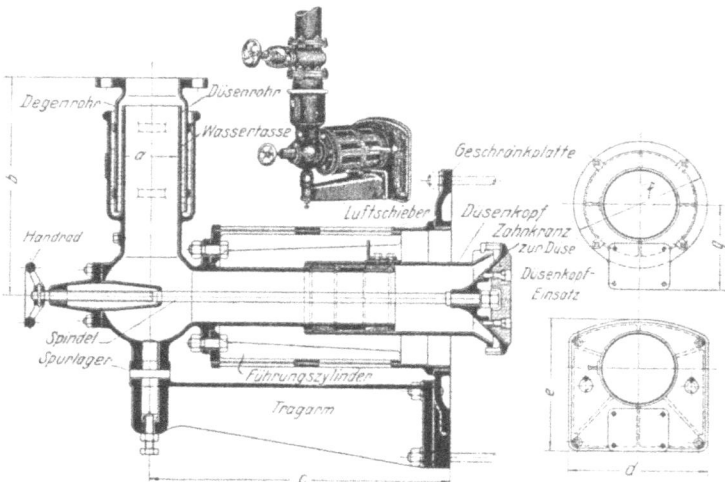

Abb. 113. Sicherheitsbrenner Bauart »Balcke-Bochum«.

wertvolle Kraftgas als Nebenprodukt anfällt, welches sich
ausgezeichnet zur Fernleitung an die Verbraucherstellen
eignet. Es ist auf diese Weise möglich, von den Kokereibetrieben aus die Heizkessel in den meist nicht sehr fern
von den Zechen liegenden Beamtenkolonien mittels Gasfeuerung zu betreiben.

Auch geht heute die Bewegung dahin, die Wärmegestellung von Schwimmbädern, Kurhäusern und Kranken-
anstalten mit Hilfe von Gasfeuerungen durchzuführen, wenn
das Heizgas billig zur Verfügung gestellt werden kann.

Abb. 113 bis 118 zeigen einige Brenner der Maschinenbau-
A.-G. Balcke, Bochum, für Großanlagen.

Abb. 113 stellt einen Sicherheitsbrenner dar. Diese Feuerung hat den erheblichen Vorteil, daß sie im Freien durch Zurückziehung des Brennerkopfes unter gleichzeitiger Luftabsperrung und nachherigem Einschwenken reduzierend gezündet werden kann.

Werden die Heizgase anfänglich reduzierend verbrannt, so wirken sie angreifend auf den in den Feuerungsräumen vorhandenen Sauerstoff. Wird also der Brenner »reduzierend« brennend

Abb. 114. Mit Sicherheitsbrennern Bauart »Balcke« (Abb. 113) ausgestattete Kesselanlage auf den Vereinigten Stahlwerken Abt. »Bochumer Verein«.

eingeschwenkt, so wird jede Ansammlung von Knallgasgemischen vermieden. Bei der in Abb. 113 gezeigten Bauart läßt sich die zur Verbrennung kommende Gasmenge durch entsprechende Einstellung des Brennerkegels genau festlegen. Durch Einregelung des Luftschiebers wird ferner die in die Feuerung eintretende Luftmenge gleichfalls geregelt. Diese Brennerkonstruktion kann für alle Gasarten verwendet werden, sie ist aber besonders geeignet für die Verbrennung reicher Gase.

Balcke, Abwärmetechnik II.   12

Das Gas wird in einem dünnen Hohlkegel fast recht-
winklig in die vorbeigeführten Luftmengen eingebracht. Es
findet also hier die Mischung zwischen Gas und Luft statt.
Ein auf den Brennerkegel angebrachter Zahnkranz sieht dann
eine weitere Unterteilung der Gas- und Luftstrahlen vor. Die
Mischung wird so innig herbeigeführt, daß die Verbrennung
des erhaltenen Gasluftgemisches eine plötzliche ist. Die Temperaturen sind durch Vermeidung schleichender Verbrennungs-
vorgänge somit sehr hohe und liegen nahe an den theoretischen
Werten unter der Voraussetzung, daß die Luftmenge vorher
richtig einreguliert worden ist. Hierdurch wird ein guter Nutzeffekt der Anlage erzielt. Abb. 114 zeigt eine Gasfeuerungs-

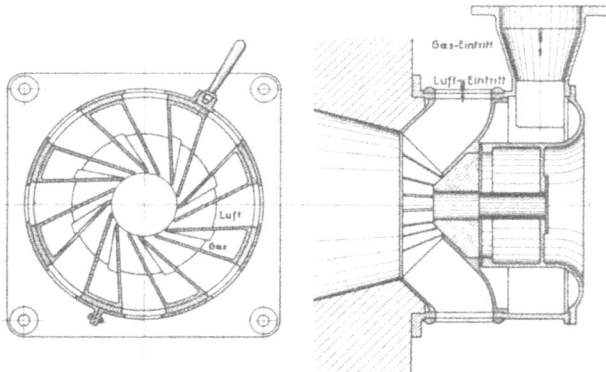

Abb. 115. Zentral-Torsionsbrenner. Modell »T.«, D. R.-P.
Arbeitet mit Selbstansaugung der Luft unter atm. Druck.

anlage mit Balcke-Brennern auf den Vereinigten Stahlwerken,
Abt. »Bochumer Verein«, bei welcher die vorbeschriebene Bauart Verwendung fand.

Abb. 115 zeigt einen Zentral-Torsionsgasbrenner »T«, der
Firma Balcke-Bochum. Dieser besteht im wesentlichen aus
dem Gehäuse, das den Gasanschlußstutzen trägt, dem Leit-
körper, dem Deckel und dem Luftschieber. Die zur Verbrennung notwendige Luft wird bei diesen Feuerungen einerseits durch die in dem Gas vorhandene Energie und anderseits
durch den im Feuerraum herrschenden Unterdruck angesaugt.
Infolge der eigenartigen Formgebung des Leitkörpers erhält

man auf diese Weise ein vollverbrennungsreifes Gasluftgemisch, wodurch die Vorbedingung für eine kurzflammige, mit höchsten Anfangstemperaturen einsetzende Verbrennung gegeben ist. Da die Heizgase eine rotierende Bewegung — also einen sehr langen Weg nehmen — eignet sich diese Feuerung besonders auch für die Beheizung von Flammrohrkesseln, da die Möglichkeit größter Wärmeabgabe an die Flammrohre geschaffen ist. Ein weiterer Vorzug dieser Feuerung besteht in der Ausschwenkbarkeit des Deckels, so daß bei verschmutz-

Abb. 116. Hochofengas-Feuerung mit »Balcke«-Brennern
(Abb. 115 ältere Bauart) auf der Friedrich-Wilhelmshütte.

ten Gasen sich die Reinigung der Gaskanäle in kurzer Zeit bewerkstelligen läßt, ebenso läßt sich das Leitgehäuse, falls verschiedene Gasarten zur Verbrennung kommen, mit Leichtigkeit auswechseln. Der Luftschieber, der um das Gehäuse herum leicht beweglich aufgepaßt ist, dient zur Regulierung der Luftzufuhr, je nachdem ob ein hoch- oder minderwertiges Gas verbrannt wird oder ob wenig oder viel Luft zugeführt werden muß. Der Deckel ist mit einem Schamottestein ausgefüllt, welcher infolge der rückstrahlenden Wärme eine zu große Erhitzung und das Verbrennen des Materials verhindert. Er dient gleichzeitig als Zünd- und Schauloch. Eine gute Bedienungs- und Beobachtungsmöglichkeit ist somit gewährleistet.

Abb. 116 zeigt eine Feuerungsanlage mit Balcke-Brennern auf der Friedrich-Wilhelmshütte, es handelt sich aber um eine ältere Bauart, aus der das neuzeitliche Modell »T_s« entstanden ist.

In gleicher Weise ist der Gasbrenner der Abb. 117, Modell »T_d« ausgebildet, und zwar wird diese Bauart benutzt, wenn ein nennenswerter Unterdruck im Feuerraum

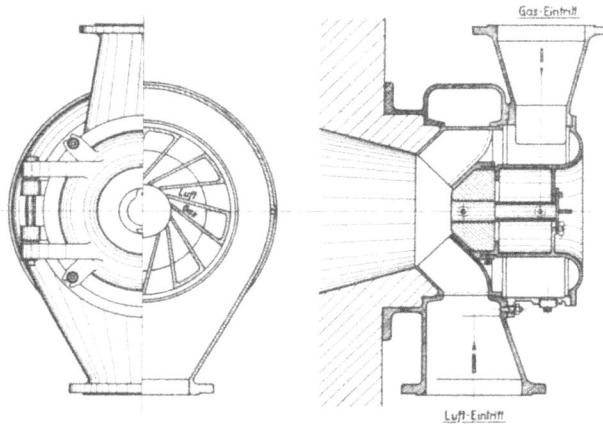

Abb. 117. Zentral-Torsionsbrenner, Modell »T_d«. Durch Auswechseln des Leitapparates von Erd- bis Hochofengas verwendbar.

nicht vorhanden ist, oder wenn vorgewärmte Luft für die Verbrennung der Gase benutzt wird. Anstelle des trommelartigen Luftschiebers ist das Gehäuse daher mit einem Druckluftanschlußstutzen versehen, durch den Ventilatorluft der Feuerung zugeführt wird.

Abb. 118 zeigt einen Balcke-Brenner zur Verfeuerung aller Gasarten und für große Gasmengen. Das Gas tritt durch Düsen aus und wird durch einen vorgeschalteten Mischrost gezwungen, sich in inniger Weise mit der zugeführten Luft zu mischen. Die Luftzuführung ist genau regelbar. Diese Brennerausführung zeichnet sich durch Einfachheit und leichte Reinigungsmöglichkeit aus; denn durch Umlegen der Stirnplatte wird die ganze Feuerung offengelegt. Sie eignet sich besonders zur Beheizung von Wasserrohrkesseln.

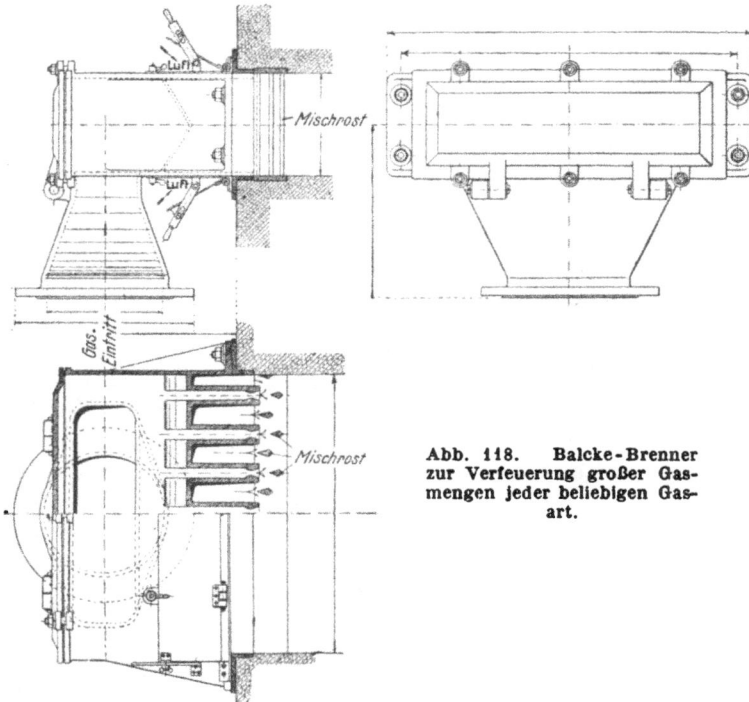

Abb. 118. Balcke-Brenner zur Verfeuerung großer Gasmengen jeder beliebigen Gasart.

Die Vorteile der Gasheizung sind recht erheblich und lassen sich wie folgt zusammenfassen:

1. Sofortige Betriebsbereitschaft,
2. schnelles Anheizen,
3. leichte und sichere Regelbarkeit,
4. Fortfall des Herbeischaffens und Lagerns fester Brennstoffe,
5. Fortfall der Aschenabfuhr und anderer Rückstände, und damit
6. Fortfall aller Arbeiten zur Durchführung des Heizkesselbetriebes,
7. große Sauberkeit.

Auch gesundheitlich bedeutet die Verwendung gasgefeuerter Kessel zweifellos einen Fortschritt für die Stadtbevölkerung, da die bei der Verbrennung fester Brennstoffe auftretende Rauch- und Rußplage bei der Gasfeuerung vermieden wird. Es kann hierdurch in Großstädten die Luftbeschaffenheit günstig beeinflußt werden.

Die Bestandteile einer Gaskesselanlage für Zentralheizzwecke und für größere Leistungen setzen sich aus Kessel, Brenneranlage, Saugzugventilator und Gasuhr zusammen. Bei der Entwicklung von Hochdruckdampf oder Erzielung von Kesselhöchstleistungen kommt noch ein Gasverdichter hinzu. Im allgemeinen aber genügt schon ein Gasdruck von 30 bis 50 mm WS, in welchem Falle die Leistung eines Brenners etwa 6000 kcal/h beträgt. Durch Einschalten eines Verdichters kann der Gasdruck bis auf 120 mm WS erhöht werden. Damit steigt die Leistung eines Brenners je nach der Güte des zur Verbrennung gelangenden Gases auf 9000 bis 10000 kcal/h.

Es wird in manchen Fällen von Vorteil sein, während der Anheizzeit mit einem durch einen Verdichter erzeugten höheren Gasdruck zu fahren, aber nach der Anheizzeit mit dem normalen Gasdruck weiterzuarbeiten. Für den Betrieb des Brenners ergeben sich hieraus keine Schwierigkeiten, da er eine weitgehende Änderung des Gasdruckes verträgt.

Soll ein gleichmäßiger Verbrennungszustand erreicht werden, so ist es zweckmäßig, einen Ventilator zum Absaugen der Gase hinter dem Kessel einzubauen. In diesem Falle wird die Feuerung nicht nur von den wechselnden Einflüssen des Zuges im Schornstein unabhängig gemacht, sondern es ist alsdann auch möglich, in den Abgaskanal noch einen besonders konstruierten »Klein-Ekonomiser« zur Bereitung von Warmwasser einzuschalten. Da in einem Ekonomiser kein Wasser unter 30° eingespeist werden darf, wird in einem Mischbehälter vor Eintritt des Frischwassers in den Ekonomiser dasselbe durch das heiße Kesselwasser oder durch einen Teil des dort erzeugten Dampfes durch unmittelbare Mischung oder durch Oberflächenwärmeaustausch auf 30° vorgewärmt. Es wird also auf diese Weise ein »Schwitzen« der Rohre vermieden und somit den gefürchteten Rohrzerfressungen vorgebeugt.

Die vorhin erwähnten Abgasventilatoren laufen vollkommen geräuschlos, die Lager erhalten Einrichtungen für Wasserkühlung. Der Körting-Gaskessel, welcher in Abb. 119 dargestellt ist, benötigt einen Saugdruck von 20 bis 30 mm WS.

Der Kraftbedarf des Saugzugventilators ist sehr gering, weil
die Abgasmenge bei der Gasfeuerung klein ist. Man kann
mit etwa 0,5 PS für eine Kesselleistung von 1 Mill. kcal/h
rechnen.

Die Gasuhr wird gewöhnlich von der Gasanstalt geliefert
und aufgestellt. Es muß auch von der Gasanstalt untersucht
werden, ob die vorhandenen Gasleitungen ausreichen, um die
zur Feuerung erforderlichen Gasmengen im jeweiligen Falle
zu fördern. Zur Ablesung des Gasdruckes werden an geeigneten

Abb. 119. Körting-Gaskessel für eine Pumpenwarmwasser-
heizung. Wärmeleistung 1 Million kcal/h.

Stellen des Kesselraumes Gasdruckmesser angeordnet. Ein
am Kessel angebrachter Hauptabsperrschieber gestattet die
sofortige allgemeine In- und Außerbetriebsetzung der Gasfeuerung und zugleich eine Regelung des Gasdruckes während
des Betriebes. Außer dem Hauptabsperrschieber muß in der
Gasleitung noch ein Schnellschlußschieber vorgesehen werden,
um im Falle der Gefahr die Gaszufuhr augenblicklich abzu-
sperren.

Die Zuführung des Gases nach den einzelnen Brennern
geschieht durch ein System von Rohrleitungen. Es wird für
jede Brennerreihe im allgemeinen eine besondere Gasleitung

vorgesehen, die von einer Hauptgasleitung abzweigt, und
welche ebenfalls, und zwar jede für sich, absperrbar gemacht
wird. Das hier beschriebene Rohrsystem mit den einzelnen
Absperrventilen ist deutlich in der Abb. 119 zu erkennen.

Wie schon gesagt, ist mit gut konstruierten Gasbrennern
das Gas fast mit der theoretischen Verbrennungsluftmenge
vollkommen zu verbrennen. Hierdurch wird eine Verbrennung
mit der erreichbaren Höchsttemperatur und dem geringsten
Luftüberschuß erzielt. Die Folge davon ist ein hoher Wirkungsgrad der Feuerung und eine hohe Leistung der Heiz-

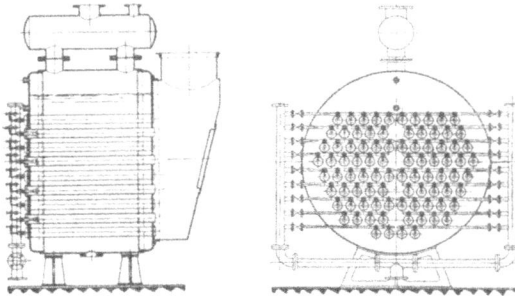

Abb. 120. Körting-Niederdruckdampfkessel mit Gasfeuerung.

fläche. Dieselbe kann bei entsprechenden Zug- und Gasdruck-
verhältnissen bis auf 40000 kcal/h und m² Heizfläche gesteigert
werden. Der Wirkungsgrad der Körtingschen Gasfeuerung
wird mit 85 v. H. gewährleistet, sie beträgt aber oft mehr als
90 v. H. der Gaswärme. Es werden somit aus der im Gase
enthaltenen Wärme, bezogen auf den wirklichen Heizwert,
bis über 90 v. H. im Kessel nutzbar gemacht. Die gute Wirk-
samkeit des Brenners in bezug auf gute Wärmeausnutzung
bei dieser Feuerung wird noch dadurch erhöht, daß in die einzelnen Rohre ein katalytischer Stoff eingeführt ist. Diese
Füllung besteht aus einer hoch feuerfesten Masse von ent-
sprechender Körnung; sie wird durch die Verbrennungsgase
derart zum Glühen gebracht, daß eine intensive Wärmeübertragung an das Rohr durch Strahlung erfolgt. Außerdem werden die Verbrennungsgase auf ihrem Wege durch diese Füll-

masse so durcheinander gewirbelt und durch diese Wirbelung so innig durchgemischt, daß eine restlose Verbrennung aller Teile und eine innige Berührung mit der Heizfläche erzielt wird. Abb. 120 und 121 zeigen einen Körting-Niederdruck-Dampfkessel und einen Körting-Warmwasserkessel, welche mit Gasfeuerung ausgerüstet sind. Die Konstruktionen sind klar und einfach.

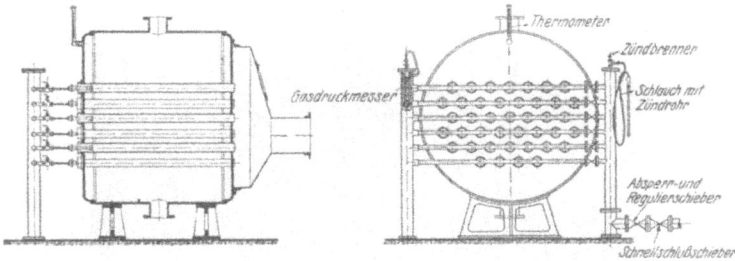

Abb. 121. Körting-Warmwasserkessel mit Gasfeuerung.

Abb. 122 zeigt zwei gasbeheizte Niederdruckdampfkessel der »Bamag«, Berlin-Anhaltische Maschinenbau-A.-G., Köln-Bayenthal, für eine Wärmeleistung von je 600000 kcal/h, ausgeführt für das Planetarium in Düsseldorf. Es handelt sich auch hier um Röhrenkessel, deren Rohrsystem der besseren Kesselreinigung wegen ausziehbar angeordnet ist. Jedes Rohr wird durch einen besonderen Gasbrenner, in dem Gas und Luft gemischt werden, beheizt. Die Brenner sind auf wagerechten Armen befestigt, die an rechts und links vom Kessel angeordneten senkrechten Gaszuleitungsrohren angeschlossen sind. Durch seitliche Ausschwenkbarkeit der Arme mit den Brennern ist eine leichte Überwachung der Brenner und der Rohre gewährleistet. Um eine möglichst vollkommene Verbrennung des Gases und eine gute Wärmeübertragung an das Wasser zu erzielen, sind die Rohre auch hier mit hochfeuerfesten Leitkörpern gefüllt. Im Vordergrunde der Abbildung ist die Sicherheitsvorrichtung erkennbar. Für den Fall, daß aus irgendeinem Grunde der Gasdruck unzulässig sinkt oder die Gaszufuhr ausbleibt oder der Saugzugventilator versagt, ist in der Hauptgasleitung ein Sicherheitsrückschlagventil .eingebaut, das die Leitung beim Eintreten der obenerwähnten Störungen

selbsttätig schließt. Mit den Bamag-Kesseln sind Leistungen
von 60 bis 80 kg Dampf auf 1 m² Heizfläche je Stunde bei
einem Nutzeffekt von mindestens 80 v. H. erzielt worden.

Ähnliche Kessel mit Gasfeuerungseinrichtung werden auch
von der Zentralheizungsfabrik Rud. Otto Meyer, Hamburg,
ausgeführt. Diese hatte 1927 auf der Papierausstellung der
»Jahresschau deutscher Arbeit« in Dresden einen derartigen
Kessel aufgestellt, der mit 7 ata arbeitete und stündlich 250 000

Abb. 122. Zwei gasbeheizte Niederdruckdampfkessel mit einer
Wärmeleistung von je 600 000 kcal/h der »Bamag«, Köln-
Bayenthal, im Planetarium zu Düsseldorf.

kcal leistete. Der Kessel ist in Abb. 123 dargestellt; seine Außen-
maße sind: Durchmesser = 1400 mm, Länge = 1475 mm. Er
hat ein ausziehbares Röhrenbündel, 22 Brenner und ist mit allen
erforderlichen Sicherheits- und Betriebseinrichtungen versehen.
Die Kessel werden für Leistungen von 50 000 bis 750 000 kcal/h
zur Erzeugung von Nieder- und Hochdruckdampf und Warmwasser geliefert und sind mit ausschwenkbaren Gasbrennern
und dreifach wirkendem Sicherheitsregler ausgestattet; ihre
Siederohre sind ebenfalls mit einer katalytisch wirkenden,
hochfeuerfesten Masse gefüllt. Durch diese Maßnahme wird die
außerordentlich hohe Leistung des Kessels von 30 000 bis
40 000 kcal je m² Kesselheizfläche erreicht, also mehr als das

Vierfache der Leistung eines gewöhnlichen Koksfeuerungs-Zentralheizungskessels.

Da die Abgase der Gasfeuerung mittels Saugzugs ins Freie geführt werden, ist kein Schornstein erforderlich.

Im übrigen sind die verschiedensten Zusammensetzungen der besprochenen Elemente zu Abwärmeverwertungsanlagen zur Erzeugung von Hoch- und Niederdruckdampf, Heißwasser

Abb. 123. Dampfkessel von 7 ata, mit Gasfeuerung, mit einer Wärmeleistung von 250 000 kcal/h, »Bauart Rud. Otto Meyer«, Hamburg.

und Heißluft unter Verheizung von Kraftgasen möglich je nach den Erfordernissen des jeweiligen Betriebes.

Die Gasbeheizung spielt für die modernen Hoch- und Höchstdruckkessel eine wichtige Rolle. Die den gewollten Dampfdrücken entsprechenden Dampf- und Wassertemperaturen bedingen höchstmögliche Feuertemperaturen, die sich wiederum in vollkommener Weise nur durch Kohlenstaub-, Öl- oder Gasfeuerungsanlagen erreichen lassen, da nur mit diesen Brennstoffen eine kurzflammige, also kurzzeitige und auf kürzestem Wege erfolgende Verbrennung zu ermöglichen ist. Die Beschaffungskosten wie deren notwendige Verzinsung und Amortisation, der Raumbedarf, wie die Kohlen-, Mahl-

und Trockenkosten, Reparaturen usw., die die Kohlenstaub-
feuerungen bedingen, stehen sehr oft der Beschaffung solcher
Anlagen hindernd entgegen. In vielen Fällen wird sich eine
annähernd gleiche Rentabilität ergeben, wenn die festen Brennstoffe in Generatoren zur Vergasung gelangen und die erzeugten Gase zur Beheizung besagter Kessel Verwendung
finden. Es stellen sich so die Beschaffungskosten niedriger,
der Raumbedarf ist kleiner und die Lebensdauer der Feuer-
räume unvergleichlich länger. Außerdem hat man die Beheizung völlig gesetzmäßig in der Hand. Explosionsgefahren
sind, sofern gute Brenner zur Verwendung gelangen, ausgeschlossen; die Kessel bleiben stets vollkommen sauber und
haben damit immer gleichbleibende Nutzeffekte. Aus diesem
Vergleich wird man erkennen, wie sehr wahrscheinlich die
Gasbeheizung in der Zukunft sich mehr und mehr ihr Feld
erobern wird.

Die Rationalisierung der Abwärme[1]).

Die Möglichkeit der wirtschaftlichen Rückgewinnung der Wärmeverluste steigt mit der Zahl, der an eine einheitliche Kraft- und Wärmeversorgung angeschlossenen Betriebe, wobei zuweilen die Produktionsverschiedenheit der Einzelbetriebe ausgleichend auf dem zeitlichen Gesamtverbrauch von Kraft und Wärme wirken könnte. Es ist dies nicht allein nur eine Frage der Einzelbetriebswirtschaft, sondern der Kohlen- und Brennstoffwirtschaft überhaupt; es müßte durch behördliche Wärme-Ingenieure die Wärmewirtschaft der einzelnen Werke geprüft und gegebenenfalls verbessert werden. Es könnte die Zentrale von vielen kleinen Werken stillgelegt werden, und ihre Versorgung gegen tarifliche Gebühr an das auszubauende Netz benachbarter privater oder kommunaler Werke behördlicherseits geschehen. Auch könnten sich benachbarte kleinere Werke in irgendeiner zweckmäßigen Gesellschaftsform zusammenschließen, zum Zwecke eines einheitlichen Ausbaues einer gemeinsamen Erzeugungsquelle für ihren Kraft- und Wärmebedarf. Es ist aber nicht angebracht, bei diesen an sich löblichen Bestrebungen in eine Art Psychose zu verfallen, welche in den Jahren 1918—24 unsere Abwärmewirtschaft beherrscht hat.

Jedenfalls ist hier noch eine erhebliche Pionierarbeit zu leisten; denn heute sind wir von einer solchen Gemeinschaftlichkeit zwecks fühlbarer Verringerung des Kohlenverbrauches noch weit entfernt Überall sehen wir unwirtschaftliche Zersplitterung der Kraft- und Heizwirtschaft in der Industrie! Die Zersplitterung ist im deutschen »Hang an die Scholle«

---

[1]) Die nachfolgenden Gedankengänge sind dem V. d. I.-Taschenbuch des Verf. »Abwärmeverwertung zur Heizung und Krafterzeugung«, V. d. I.-Verlag Berlin 1926 entnommen.

begründet; denn jedes Werk, welches z. B. in dem dichten westfälischen Industriegebiet oft mit gleichartigen Wand an Wand liegt, hat seine eigene Entwicklung und Geschichte. Ja, sogar in ein und demselben Betriebe ist durch das stete Wachsen des Werkes, die Wärmeanlage auf das wärmeunwirtschaftlichste über die ganze Werksanlage verteilt. Doch die nüchterne Erkenntnis der Zweckmäßigkeit des Zusammenschlusses oft gleichartiger, nebeneinander liegender Werke mit gleicher Betriebszeit wird vor der Überlieferung nicht Halt machen!

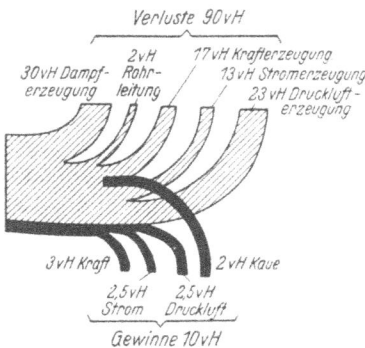

Verluste 90vH

2vH Rohrleitung
30vH Dampferzeugung
17vH Krafterzeugung
13vH Stromerzeugung
23vH Druckluft-erzeugung

3vH Kraft
2vH Kaue
2,5vH Strom
2,5vH Druckluft

Gewinne 10vH

Abb. 124. Das Wärmeflußdiagramm eines Zechenbetriebes.

In den Hütten und Zechen treten z. B. gewaltige Mengen von Abfallenergie auf. Abb. 124 zeigt das Wärmeflußdiagramm für einen Zechenbetrieb. Dieses Schaubild weist deutlich die Verluste aus — oder zeigt anders ausgedrückt die Abwärmequellen —, welche erfaßt und für andere Verbraucher nutzbar gemacht werden müssen. Wie ernst diese Frage ist, leuchtet ein, wenn man eine Verlustziffer von 90 v. H. des Wärmeaufwandes aus diesem Diagramm herausliest. Diese Abwärmemengen müßten in die vom Verbraucher benötigte Form in Wärmeaustauschern umgewandelt und durch ein Verteilungsnetz den angeschlossenen privaten und gewerblichen Kleinverbrauchern zugeleitet werden, — es müssen also die nutzlos in die Atmosphäre ausgestoßenen Abwärmemengen aufgefangen und in das Versorgungsnetz gedrückt werden.

Dasselbe gilt für die städtischen Werke, besonders für Gas- und Elektrizitätswerke. Den großen Betrieben steht auch das Kapital zur Ausführung solcher Pläne durch Aufnahme von Anleihen zur Verfügung, weil diese durch hohe Anlagewerte sichergestellt werden können. Der Einzelbetrieb muß vorläufig in sich selbst möglichst wärmewirtschaftlich arbeiten oder auf billigste Weise seine Wärmewirtschaftlichkeit zu heben versuchen. Wie dies geschehen kann, wurde in den vorhergehenden Abschnitten I—V gezeigt.

Bei den städtischen Betrieben zeigt sich oft das gleiche Bild der Zersplitterung wie bei der Industrie. Oft liegen die wichtigsten städtischen Baulichkeiten in einem Stadtviertel zusammen, und zwar stehen die Elektrizitäts-, Gas- und Wasserwerke als Vertreter von Kraftwerken mit großem Abwärmeüberschuß, den Krankenhäusern, Schulen, Verwaltungs-

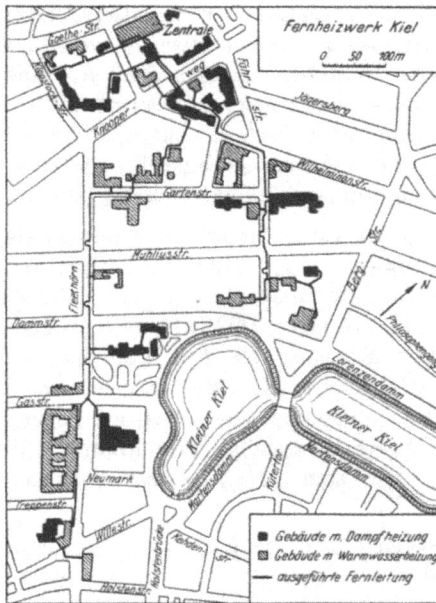

Abb. 125. Lageplan des Fernheizwerkes der Stadt Kiel.

gebäuden und Badeanstalten als den hauptsächlichsten Vertretern für geringen Kraft- aber sehr hohen Wärmebedarf gegenüber. Dazu kommen die Gemischtbetriebe, welche sowohl erheblichen Kraft- als Heizbedarf erfordern, wie z. B. die Schlachthöfe. Hier wäre ein Ausgleich zwischen Kraft- und Heizbetrieb zum Zwecke höchstmöglicher Wärmewirtschaftlichkeit gegeben, und es sind auch z. B. in Hamburg, Charlottenburg, Braunschweig, Barmen und Kiel, die ersten

Schritte zu einer derartigen Zusammenfassung durch Anlage von Fernheizwerken getan worden, welche zum Teil schon in weiterem Ausbau begriffen sind.

Als Beispiel einer großzügig angelegten deutschen Fernheizung sei hier das von der Firma Rudolf Otto Meyer ausgeführte Fernheizwerk der Stadt Kiel an Hand des Lageplanes — Abb. 125 — beschrieben[1]):

Das Fernheizwerk Humboldtstraße in Kiel ist in Anlehnung an ein bestehendes aber veraltetes Elektrizitätswerk entstanden, welches zu diesem Zwecke einen Umbau erfuhr. Der kombinierte Kraft-Heizbetrieb wird mit einer für diesen Zweck besonders konstruierten Gegendruckturbine durchgeführt, welche mit einer Niederdruckturbine derart zusammengeschaltet ist, daß diese bei geringer Heizbelastung den überschüssigen Abdampf zur Stromerzeugung ausnutzt.

Die Anlage ist Ende Januar 1922 mit 27 Gebäuden und einem Anschlußwert von 10 200 000 kcal/h in Betrieb genommen worden und inzwischen auf 40 Gebäude mit einem Gesamtanschlußwert von 14 000 000 kcal/h ausgedehnt worden. Das weitläufige Rohrnetz ist dem Lageplan zu entnehmen und nach dem Gesagten ohne weiteres zu verstehen. Da die einzelnen Wärmeabnehmer sehr verstreut liegen, waren kilometerlange Kanäle notwendig. Die größte Entfernung von der Zentrale bis zum entferntesten Verbraucher beträgt etwa 1,3 km.

Im einzelnen liegen die Fälle ganz verschiedenartig und sind im besonderen bestimmt, durch die örtliche Lage der Erzeuger und Verbraucher zueinander. Es lassen sich jedoch alle Sonderheiten der Kupplung von Einzelbetrieben nach Dr. Reutlinger[2]) in folgende 4 Gruppen zusammenfassen:

1. Kupplung städtischer Elektrizitätswerke mit privaten Betrieben zwecks Aufnahme von Überschußenergie in das städtische Netz.

---

[1]) Siehe auch die Denkschrift: „Die Städteheizung" der Fernheizwerk-Hamburg-G. m. b. H. (von Rudolf Otto Meyer).

[2]) Dr. Reutlinger: „Wärmewirtschaft der Städte". Sparsame Wärmewirtschaft, Berlin, VdI-Verlag 1920.

2. Kupplung städtischer Werke mit der Privatindustrie zwecks Abgabe von Abdampf, Abhitze oder Warmwasser.

3. Wärmewirtschaftlicher Zusammenschluß benachbarter, gewerblicher Kraft- und Heizbetriebe in einer zweckmäßigen Gesellschaftsform.

4. Ansiedlung von Ergänzungsbetrieben in der Nähe von Überschußbetrieben mit zweckentsprechender Abfallenergieabgabe.

Für den Wärmeabnehmer ergeben sich beim Wärmeanschluß an ein Großfernheizwerk erhebliche Vorzüge; denn:

1. werden die zur Unterbringung des Brennstoffes und der Kessel benötigten Wohnräumlichkeiten für andere Zwecke frei,

2. sind Bedienungs- und Instandhaltungskosten ganz geringfügig,

3. wird die Feuersgefahr und damit die Prämie für die Feuerversicherung herabgedrückt,

ganz abgesehen von dem Fortfall von Kohle- und Aschentransport und der hierdurch gegebenen größeren Reinlichkeit der Wohnung.

Die Wärme würde demnach wie Strom, Gas oder Wasser gegen irgendeinen Tarif geliefert werden. Andere Länder sind uns in diesen Bestrebungen weit voraus, besonders Amerika, jedoch wird auch in Deutschland die Entwickelung von Jahr zu Jahr stärker, wie die Anlage von Fernheizwerken in den oben genannten Städten zeigt.

Die Aufstellung von Wirtschaftlichkeitsberechnungen von Abwärmeverwertungsanlagen.

Zu jedem Entwurf einer Abwärmeverwertungsanlage und selbstverständlich auch zu jedem Vorentwurf gehört eine ausführliche und völlig objektiv gehaltene Wirtschaftlichkeitsberechnung. Aus diesem Gesichtspunkte heraus wurde auch in diesem Bande auf Wirtschaftlichkeitsberechnungen so großer Wert gelegt und im Anfang (Abschnitt 3) sogar aus der Wirtschaftlichkeitsberechnung heraus die zweckmäßigste Schaltung entwickelt.

Bei der Aufstellung von solchen Wirtschaftlichkeitsberechnungen müssen die Ersparnisse möglichst niedrig, die Anschaffungskosten dagegen höher eingesetzt werden als diejenigen, welche der beim Entwurf der Anlage herrschenden Wirtschaftslage entsprechen. Dies gilt vor allem für Löhne und somit auch für die Betriebskosten, die sich zum größten Teil aus Löhnen zusammensetzen.

Zeigt eine aufgemachte Wirtschaftlichkeitsberechnung, daß eine geplante Abwärmeverwertungsanlage sich aus den zu erzielenden Ersparnissen erst nach 3—4 Jahren bezahlt macht, so nimmt man besser von dem erwogenen Plan Abstand, weil in einer solch langen Zeitspanne viele Anlagen — sei es die Abwärme-Abgeberanlage oder die Verwertungsanlage selbst — schon veraltet sein können. Dagegen ist eine Abwärmeverwertungsanlage auf jeden Fall dann am Platze, wenn dieselbe sich aus den gering angesetzten Ersparnissen innerhalb eines Jahres bezahlt macht. Zudem gibt die Wirt-

Schema einer Wirtschaftlichkeitsbere[chnung]

I. Grundlagen.

1. Die Abwärmequelle.

a) Art der Abwärmequelle ....

b) Konstante oder wechselnde Belastung derselben ....

c) Mittlere Abdampf-, Abgas- oder Rauchgasmenge in kg/h ....

d) Abdampf-, Abgas- oder Rauchgastemperatur in ^{0}C ....

e) Unterste, noch nutzbare Temperaturgrenze in ^{0}C ....

f) Mittlere anfallende Abwärmemengen in kcal/h ....

g) Zahl der jährlichen Betriebsstunden ....

h) Preis des Brennstoffes je t oder kg ....

i) Brennstoffverbrauch pro h ....

k) Brennstoffverbrauch pro Jahr ....

l) Besondere Kennzeichnung der Eigenschaften der Abwärme (wie z. B. .... Analyse) ....

2. Die Abwärmeverwertung.

a) Art der Abwärmeverwertung ....

b) Nutzbare mittlere Abwärmemengen in kcal/h ....

c) Jährliche Betriebsstundenzahl ....

d) Eingesparte Brennstoffkosten in kg/h ....

e) Eingesparte Brennstoffkosten pro Jahr, bei .... jährlichen Betriebsstunden ....

f) Betriebskosten der Verwertungsanlage pro Jahr ....

Die Wirtschaftlichkeitsberechnu ng ergibt also bei Anschaffung eine[r]

Die Abwärme-Verwertungsanlage macht sich durch die mit derselben

für Abwärme-Verwertungsanlagen.

II. Wirtschaftlichkeitsberechnung.

1. Ausgaben	2. Ersparnisse

1. Ausgaben für die Beschaffung einer Abwärme-Verwertungsanlage und Betriebskosten derselben.

a) Anschaffungspreis.

  a) ....

  b) ....

  c) ....

  d) ....

    Insgesamt ....

Bei .... % Amortisation und Verzinsung ....

b) Kosten der Fundamente und werkseitig zur vollständigen Erstellung der betriebsfertigen Anlage zu beschaffenden Teile.

  a) ....

  b) ....

  c) ....

  d) ....

    Insgesamt ....

Bei .... % Amortisation und Verzinsung ....

c) Montagekosten.

  a) ....

  b) ....

  c) ....

  d) ....

    Insgesamt ....

Bei .... % Amortisation und Verzinsung ....

d) Betriebskosten für ein Jahr.

  a) ....

  b) ....

  c) ....

  d) ....

    Insgesamt ....

Ausgaben insgesamt x RM. ....

2. Ersparnisse durch die Anschaffung einer Abwärme-Verwertungsanlage.

a) Brennstoffersparnis.

Berechnung der zur Erzeugung von .... kcal pro Jahr notwendige Brennstoffmenge, welche hier als Ersparnis zu buchen ist, da eben diese Wärmemenge aus der Abwärme der vorgeschalteten Abwärmequelle gewonnen wird

b))

c) } Weitere Ersparnisse, welche von der Eigenart der jeweiligen Verwertungsanlage, und nicht zuletzt von einer geschickten Kupplung der betr. Anlage mit anderen Betriebsanlagen abhängen.

d))

Ersparnisse insgesamt y RM. ....

Verwertungsanlage einen jährlichen Reinverdienst von $y - x = z$ RM.

parnisse in: $\dfrac{\text{Gesamtkosten}}{\text{Ersparnisse}} = $ .... Jahre .... Monate bezahlt.

schchaftlichkeitsberechnung oft wertvolle Fingerzeige, wie man
die ie geplante Anlage mit bestehenden Betriebsanlagen, zum
Zwiwecke größerer Wirtschaftlichkeit durch weiter zu erzielende
Beüetriebsersparnisse kuppeln kann. Die beigegebene Tafel
zeigeigt den allgemeinen Aufbau solcher Wirtschaftlichkeits-
bererechnungen, welche wohl als Anleitung für die Ausarbeitung
der er jeweilig notwendigen besonderen Berechnungen dienen
karann.

Verfasser möchte diesen Band mit der gleichen Mahnung
an n den entwerfenden Wärme-Ingenieur schließen, wie sein
V. i. d. I.-Taschenbuch: Nämlich, sich nicht selbst zu betrügen!
— ⊦ Er könnte sonst später für recht unliebsame Überraschungen
vererantwortlich gemacht werden.

————

Sachregister.

A.

Abdampfentnahme aus gekuppelten Maschinen 165.
Abdampfverwertungsanlagen ohne Speicher 64.
— mit Speicher 122.
Abgaslufterhitzer 74, 81, 82.
Abgasventilatoren 182.
Abhitzekessel 74, 79, 83, 85, 86, 87, 88.
Abwärme-Rationalisierung 189.
Abwärmeverwertung gesch. Entwicklung 2.
Abwärmeverwertungsanlagen. Gliederung in Gruppen 11.
Aktionsturbine 138.
Ausgleich bei Heizungs-Kraftmaschinen 136.

B.

BBC-Turbinen-Bauarten 150, 153, 155.
— - Regulierung 151, 155, 156, 157, 158, 159, 160.
Brenner-Bauarten 177.

C.

Combinierte Turbinen 157.

D.

Darstellung des Wärmeverbrauches und der Wärmegestellung 20.
Diagramme von Entnahmemaschinen 170.
Dieselmotore, Abwärmenutzungsmöglichkeiten 70, 72.

Drosselregulierung 142.
Druckminderungsstation 66.
Düsenregulierung 151, 152.

E.

Einzylindermaschinen 168.
Ekonomiser, Klein- — 182.
Entnahmebetrieb 135.
— - regler 162.
— -regler 162.
— -turbinen 138.
— — -Steuerungen 145, 155.
Ermittlung des Dampfverbrauches für Entnahmemaschinen 34.
Ermittlungsverfahren für Wärmeanfall und -Verwertung 13.

F.

Fernheizwerke 192.

G.

Gasarten für Feuerungen 174.
Gasbeheizung für Hochdruckkessel 187.
Gasbrenner-Bauarten 177.
— - Konstruktionsbedingungen 175.
Gasfeuerung 173.
Gasheizung, Vorteile ders. 181.
Gaskessel-Anlage, Bestandteile 182.
— -Bauarten 183.
Gasmaschinen 78.
Gasuhr 183.
Gegendruck-Betrieb 134.

Gegendruck-Maschine, einzylindrige 5.
— -Turbinen 138.
— — -Steuerungen 142, 155.
Getriebeturbinen 143.
Grundschaltungen von Abwärmeverwertungsanlagen 22.
— — — für Entnahmebetrieb 32.
— — — für Erzeugung von Heißwasser mit Entnahmedampf 50.
— — — für Heißwasser mit Vakuumdampf 55.
— — — für Gegendruckbetrieb 28.
— — — für getrennten Heiz- und Kraftbetrieb 25.
— — — für Heißwasserspeicher 98.
— — — für Lufterhitzung hinter Verbrennungskraftmaschinen 76.
— — — für Rateauspeicher 91, 92.
— — — für Ruthsspeicher 93, 94.
— — — zur Wassererwärmung für Pumpenheizungen hinter Verbrennungskraftmaschinen 75.

H.

Häufigkeitskurve 14.
Hausturbine 161.
Heißkühlung 106.
— bei Großgasmaschinen 110.
Heißwasserspeicher 97.
— für Abdampf 115.
— für Abgase 116.
— für Kühlwasser 118.
—, Schaltungsarten 114.
Heizfähigkeit 127.
Heizungs-Kraftmaschinen 4, 127.
—, Ausgleich 136.
—, Entnahmebetrieb 135.
—, Gegendruckbetrieb 134.

Heizungs-Kraftmaschinen, Theor. Grundlagen 127.
—, Wirkungsgrad 133.
Hochdruck-Turbinen 148.

K.

Katalysator bei Gasfeuerungen 184.
Klein-Ekonomiser 182.
Kolbenmaschinen, Einzylinder- 168.
— und Turbine, vergleichende Betrachtungen 7.
Kühlwasserabwärme, Verwertung ders. 51.

L.

Luftkondensator 48.

O.

Öfen, industrielle 84.

P.

Parsonsturbine-BBC-Bauarten 150.
Pumpenfernheizung 64.

R.

Rateau-Speicher 90.
—, Schaltungsarten 105.
— für Heißkühlbetrieb 106.
— für Überschußwärme 113.
— als Umformer 112.
Reaktionsturbine 150.
— -, Arbeitsweise 150.
Regler 162.
Ruths-Speicher 95.
— - für chem. Fabriken 103.
— - für Kraftwerke 101.
— -, Schaltungsarten 99.

S.

Saugzugventilatoren 183.
Steuerungen von Entnahme- und Gegendruckkolbenmaschinen 163.

198

Steuerungen von Entnahme-
und Gegendruckturbinen
145, 152, 155, 156, 157, 158,
159, 160.

T.

Turbinen-Entnahme 138.
— - Gegendruck 138.
— - Gehäuse 139.
— - Rotor 138.
— - Schaufeln 139.
— - Vorwärme . . . 161.
— und Kolbenmaschinen, vgl.
Betrachtungen 7.

V.

Vakuumdampf-Heizung 45.
— - Luftheizung 49.
— - Warmwasserheizung 56.
Verteilerstation 66.

W.

Warmwasser-Fernheizung 64.
Watt James 2.
Wirtschaftlichkeitsberech-
nungen 194.

Z.

Zentralheizung, gasgefeuerte 176.
Zentral-Torsionsbrenner 178.
Zoelly-Hochdruckturbinen 148.
Zoelly-Turbine, Arbeitsweise 138
—, Bauarten 144, 147, 148.
—, Drosselregulierung 142.
—, Hilfspumpen 143.
—, Kanäle 140.
—, Laufräder 139.
—, Ölpumpen 143.
—, Welle 140.
Zwischendampfentnahme, An-
lagen zur — 31.

Die Kondensat-Wirtschaft

bei

Dampfkraft-Landanlagen

als Grenzgebiet der Wärmetechnik von

Dr.-Ing. Hans Balcke

231 Seiten, 135 Abbild., 1 Tafel. 8°. Broschiert M. 10.—, in Leinen geb. M. 11.50

Inhaltsübersicht:

Vorwort

I. **Die Mischkondensation:** 1. Die Theorie der Mischkondensation. 2. Ausführungsformen von Mischkondensationen und Hilfspumpen.

II. **Die Oberflächenkondensation:** Allgemeines. 1. Die Theorie des Oberflächenkondensators. 2. Die Hilfspumpen für Oberflächenkondensatoren. 3. Die Rückkühlwerke. 4. Ausführungsbeispiele von Oberflächenkondensationsanlagen.

III. **Die dauernde Reinhaltung der Kühlfläche von Oberflächenkondensatoren:** Allgemeines: 1. Die dauernde Reinhaltung der Kühlfläche von Wasserstein. 2. Die dauernde Reinhaltung der Kühlfläche von Ölüberzügen.

IV. **Die Erzeugung des Zusatzspeisewassers für Hoch- und Höchstdruckkessel aus der Abwärme von Oberflächenkondensationsanlagen.**

V. **Wege zur Kartonisierung des Dampfkraftprozesses.**

VI. **Der günstigste Speisewasserkreislauf.**

Anhang: Verschiedene Möglichkeiten der Abwärmeverwertung bei Kondensationsanlagen.

Im vorliegenden Bande behandelt der Verfasser die Kondensatwirtschaft als ein abgeschlossenes physikalisches und chemisch-technologisches Grenzgebiet der technischen Wärmelehre; zugleich aber umgrenzt er auch insofern ein Sondergebiet der Abwärmetechnik, als er die Aufgabe in den Vordergrund stellt, die im Abwärmeteil von Kondensations-Dampfkraftanlagen auftretenden Wärmeverluste nicht nur soweit angängig einzuschränken, sondern auch Mittel und Wege zu weisen, die Verluste möglichst weitgehend anderen Zwecken nutzbar zu machen. Dies gilt vor allem für den Rückkühler des warmen Kondensationskühlwassers, welches in der bisher angewendeten Form einen geradezu ungeheuerlichen Energievernichter darstellt. Von den Grundlagen des Kondensationsprozesses ausgehend, wird der günstigste Speisewasser- und Kühlwasserkreislauf bei Dampfkraftanlagen entwickelt. Beide Kreisläufe hängen untrennbar zusammen. Die Wechselwirkungen beider Kreisläufe aufeinander herauszuschälen und vom wärmewirtschaftlichen Standpunkte in bestmöglichster Weise gegeneinander abzugleichen, ist eine weitere Aufgabe dieses Buches.

Die dritte Aufgabe, welche sich der Verfasser zur Lösung stellt, ist die, aus den erkannten und kritisch beleuchteten Wechselwirkungen der Kreisläufe die Konstruktionsrichtlinien für die Apparate im Abwärmeteil der Dampfkraftanlagen festzulegen, um eine im Abwärmeteil wärmewirtschaftlich möglichst vollkommene Anlage herauszubilden. In diesem Zusammenhange wird der Kondensator nicht mehr lediglich als Niederschlagapparat für den Maschinenabdampf, sondern außerdem als Speisewasserbereiter und als Vorwärmeranlage für alle möglichen Zwecke aufgefaßt.

R. OLDENBOURG, MÜNCHEN UND BERLIN